U0235282

重庆工商大学经济学院"重庆市经济学拔尖人才培养示范基地"与国家一流专业建设点系列成果

2023年度国家社会科学基金项目
生态安全视阈下长江上游流域水-能源-粮食复合系统补偿机制研究（23BJY199）

基于生态系统服务价值区划的生态补偿标准研究
——以苏锡常地区为例

JIYU SHENGTAI XITONG FUWU JIAZHI QUHUA DE
SHENGTAI BUCHANG BIAOZHUN YANJIU
——YI SU-XI-CHANG DIQU WEI LI

贺 嘉　杨思意　田嘉伟　张艳清 ◎ 著

西南财经大学出版社
Southwestern University of Finance & Economics Press
中国 · 成都

图书在版编目(CIP)数据

基于生态系统服务价值区划的生态补偿标准研究：以苏锡常地区为例/贺嘉等著.--成都：西南财经大学出版社,2024.11.--ISBN 978-7-5504-6415-5

Ⅰ.X321.2

中国国家版本馆 CIP 数据核字第 20248EW225 号

基于生态系统服务价值区划的生态补偿标准研究——以苏锡常地区为例

贺　嘉　杨思意　田嘉伟　张艳清　著

责任编辑：李特军
责任校对：杨婧颖
封面供图：董潇枫
封面设计：何东琳设计工作室
责任印制：朱曼丽

出版发行	西南财经大学出版社(四川省成都市光华村街 55 号)
网　　址	http://cbs.swufe.edu.cn
电子邮件	bookcj@swufe.edu.cn
邮政编码	610074
电　　话	028-87353785
照　　排	四川胜翔数码印务设计有限公司
印　　刷	四川煤田地质制图印务有限责任公司
成品尺寸	170 mm×240 mm
印　　张	10.25
字　　数	171 千字
版　　次	2024 年 11 月第 1 版
印　　次	2024 年 11 月第 1 次印刷
书　　号	ISBN 978-7-5504-6415-5
定　　价	68.00 元

前　言

在21世纪的今天，随着快速城市化的推进，城市扩张与生态环境保护之间的矛盾日益凸显。在城市化进程中，生态系统服务价值的损失和生态补偿机制的不完善，已经成为制约地方可持续发展的重要因素。在这样的背景下，我们对快速城市化地区生态补偿标准的深入研究显得尤为重要。

在生态经济学领域，生态系统服务价值的评估是研究的核心内容之一。生态系统不仅为人类提供物质资源，还提供了诸如气候调节、水源涵养、生物多样性保护等服务。然而，这些服务的价值往往被忽视，导致在城市化进程中，生态系统的破坏和退化往往得不到应有的重视和补偿。

本书选取苏锡常地区作为研究对象，该地区作为中国经济最发达的区域之一，其快速城市化进程中所面临的生态问题具有典型性和代表性。本书在深入探讨和解决快速城市化地区生态补偿的理论和实践问题的基础上，通过对苏锡常地区的生态系统服务价值进行量化评估和区划，提出了一套适用于快速城市化地区的生态补偿标准，旨在为政策制定者和实践者提供参考和指导。

在研究方法上，本书采用了多学科交叉的研究视角，结合地理信息系统（GIS）、生态经济学、环境科学等多领域的理论和技术，对生态系统服务价值进行了全面的评估。同时，本书还考虑了社会经济因素和政策环境因素，以确保提出的生态补偿标准既科学合理，又具有实际操作性。

本书的研究成果不仅对苏锡常地区具有重要的实践意义，也为其他快速城市化地区提供了宝贵的经验和启示。我们希望通过本书的出版，能够引起更多学者和决策者对生态补偿问题的关注，共同推动生态文明建设，实现人与自然和谐共生的美好愿景。

在撰写本书的过程中，我们得到了南京大学以及多位专家学者的大力支持和宝贵建议，在此表示衷心的感谢。同时，我们也期待读者能够对本专著提出宝贵的意见和建议，以促进生态经济学研究的进一步发展。

编者

2024 年 10 月

目　录

1 绪论

地球上的生态系统通过各种生物和物理过程直接和间接地为人类社会提供多种关乎其生存和发展的产品（goods）和服务（services），这些产品和服务统称为生态系统服务（Ecosystem services）[millennium ecosystem assessment（MA），2005]。它们的可持续供给是人类社会可持续发展的基础。然而，长期以来人类对生态系统服务及其重要性的不了解，以及传统商品市场对其价值的过分低估或者完全忽视，导致人类盲目地、掠夺性地开发和利用这些产品和服务，致使许多重要的自然生态系统遭到了前所未有的破坏，对人类社会的可持续发展构成了严重威胁。为了遏制生态系统的退化趋势，维护其生态系统服务功能，提高生态系统的生产能力，协调人口、资源、环境和经济发展之间的关系，实现区域生态、经济和社会的可持续发展，我们有必要将自然科学问题与社会经济发展政策紧密结合起来，动态评估区域生态系统服务价值，制定差异化的生态补偿标准。这对有效地管理生态系统服务、制定合理的生态保护与经济发展策略具有重要意义。

本书基于生态经济学原理和可持续发展理论等，以江苏省苏锡常地区（苏州市、无锡市和常州市）为例，采用 ArcGIS 空间分析方法，在分析苏锡常地区土地利用变化，农业用地减少、城市扩张和湿地保护之间相互关系的基础上，结合物质量与价值量评估法，建立了苏锡常地区生态系统服务价值评估体系和方法，定量探讨了县域（市、区）尺度下生态系统服务价值增量的空间差异性，综合考虑经济发展水平的非均衡性、人口密度的差异性和城市扩展的空间差异性等因素，依据生态系统服务价值区划的思路和方法，并通过情景分析计算、比较未来发展和保护情景下生态系统服务价值的权衡和协同关系，探讨得出不同分区下，各种生态系统服务价值增量最均衡的未来发展和保护情景模式，最后以县域（市、区）为补偿单元，提出了基于机会成本、直接成本和公众支付意愿的分区方案的差异化生态补偿标准。

1.1 研究背景及意义

1.1.1 研究背景

地球上的生态系统通过各种生物和物理过程直接和间接地为人类社会提供多种关乎其生存和发展的产品（goods）和服务（services），这些产品和服务统称为生态系统服务（Ecosystem services）[millennium ecosystem assessment（MA），2005]。它不仅包括生态系统直接为人类提供的生态系统产品，如食物、木材、医药及其他工农业生产的原料等，更重要的是其支撑和维持了地球的生命支持系统，维持生命物质的生物地化循环与水文循环，保持生物物种与遗传多样性，净化环境，平衡与稳定大气环境（Daily，1997）。生态系统产品和服务的可持续供给是人类社会可持续发展的基础。然而，人类长期以来对生态系统服务及其重要性的不了解，以及传统商品市场对其价值的过分低估或者完全忽视，导致人类盲目地、掠夺性地开发和利用这些产品和服务，致使许多重要的自然生态系统遭到了前所未有的破坏，有的自然生态系统甚至无法再为人类提供服务，更甚者还会对人类的生产和生活造成负面影响，如温室效应、环境污染、植被破坏、淡水短缺等，对人类社会的可持续发展构成严重威胁。Daily 等人（2009）指出，造成全球范围内 60%以上的生态系统服务出现退化的主要原因是人类对生态系统服务缺乏有效的管理。因此，如何加强生态系统服务管理、引导和规范人类活动，从而协调生态系统服务保护与社会经济发展之间的关系是人类发展面临的一个重要议题（郑华 等，2013）。

针对这一议题，近年来国际上相继提出了许多研究计划，旨在将生态系统服务整合到管理决策中，并要求从生态系统服务的认知转变为有效的政策和财政机制，进而增强经济社会可持续发展的能力（Daily et al.，2009）。2001 年，联合国启动了千年生态系统评估计划（the millennium ecosystem assessment，MA），收集和整合了全球、区域、国家和局地等不同尺度的主要生命支持系统，如农业用地、草地、森林、河流、湿地和海洋等生态系统已有的生态学数据、信息，从各自然生态系统的演变及其演变对生态系统的生态服务功能造成的影响、生态系统响应等方面进行评估，以此为政府决策和管理部门提供科学的信息、依据，指导和影响决策者和管理者对自然生态系统进行科学的决策和管理，满足自然生态系统的可持续发展，从而实现其为人类社会可持续发展提供产品和服务（赵士洞和张永民，2004）。美国生态学会在 2004 年提出的“21 世纪美国生态学会行动计划”中，将生态系统服务科学作为生态学面对拥挤地球的首个生态学难点问题。2006 年英国生态学会组织科学家与政府决策者一起提出了 100 个与政策制定相关的生态学问题，其中第一个主题就是生态系统服务研究。2014 年，为应对全球环境变化给各区域、国家和社会带来的挑战，加强自然科学与社会科学的沟通与合作，为全球可持续发展提供必要的理论知识、研究手段和方法，由国际科学理事会（ICSU）和国际社会科学理事会（ISSC）发起、联合国教科文组织（UNESCO）、联合国环境署（UNEP）、联合国大学（UNU）、Belmont Forum 和国际全球变化研究资助机构（IGFA）等组织共同牵头，组建了为期十年的大型科学计划“未来地球计划（Future earth）”（2014—2023）。其中，生态系统服务与可持续性发展为“未来地球计划”在中国开展的 12 个重点领域之一。

在众多的生态系统服务管理手段中，生态补偿作为一种新型的资源环境管理制度，是实现生态文明的重要政策措施。它将资源环境外部的、非市场化的价值转化为对当地环境服务提供者的财政激励，在协调生态保护过程中的各方利益关系、维护社会公平、提高生态系统服务功能等方面发挥着积极的作用（王国成 等，2014）。但是，如何制定科学合理的生态补偿标准是生态补偿的关键问题（赵雪雁 等，2012）。2005 年，党的十六届五中全会《关于制定国民经济和社会发展第十一个五年规划的建议》中首次提出“按照谁开发谁保护、谁受益谁补偿的原则，加快建立生态补偿机制”。第十一届全国人大四次会议审议通过的“十二五”规划纲要就建立生态补偿机制问题作了专门阐述，要求研究设立国家生态补偿专项资金，推行资源型企业可持续发展准备金制度，加快制定实施生态补偿条例。在新常态下，党的十八大和十八届三中全会对生态文明建设的重要性和紧迫性也作出了科学论述，把生态文明建设纳入“五位一体”总体布局中进行谋划和部署，明确要求建立反映市场供求和资源稀缺程度、体现生态价值和代际补偿的资源有偿使用制度和生态补偿制度。党的十九大报告明确指出要“加大生态系统保护力度”“建立市场化、多元化生态补偿机制”。党的二十大报告提出：“建立生态产品价值实现机制，完善生态保护补偿制度。”2024 年 2 月 23 日国务院第 26 次常务会议通过《生态保护补偿条例》；全国人大连续三年将建立生态补偿机制作为重点建议。这一系列举措都表明中国建立生态补偿机制的重要性和迫切性。

面对生态环境状况恶化，经济发展与环境保护之间的矛盾突出的局面，各地区、各部门根据中央精神，在大力实施生态保护建设工程的同时，也开展了大量的生态补偿实践工作。杭州市是中国第一批建立和实施生态补偿机制的城市，在生态补偿机制上进行了较早的尝试，即其突破财政体制实行了跨行政区域的补助政策，财政上缴到哪一级，就由哪一级来实行财政资金补助。从 2006 年到 2013 年 8 月，杭州市财政转移支付生态补偿资金 4.5 亿元人民币。在杭州市财政的支持下，上游县（市）启动了一大批生态建设和环境基础设施项目，改善了 500 万人的人居环境，保障了 500 万人的饮水安全。2011 年，财政部会同环境保护部出台了涉及浙江、安徽两省的新安江流域水环境补偿试点实施方案，明确补偿的资金来源、标准和具体办法，开展跨省级行政区域水环境生态补偿试点。2013 年江苏省政府办公厅下发《江苏省生态补偿转移支付暂行办法》，建立生态补偿转移支付制度，这是 2013 年江苏省省政府十大重点工作任务“大力推进生态文明建设”的重要内容之一。补偿机制突出“谁保护、谁受益”“谁贡献大、谁得益多”的导向，对不同区域、不同级别、不同类型的生态红线区域，采取不同标准进行补助，即对一级管控区给予重点补助，对二级管控区给予适当补助。

当前，我国的生态补偿机制建设虽然取得了积极进展，但由于这项工作起步较晚，涉及的利益关系复杂，人们对生态系统服务价值的认知水平有限，实施工作难度较大，因此在工作实践中还存在不少矛盾和问题，主要包括以下三个：

（1）补偿资金来源渠道和补偿方式单一。

补偿资金主要依靠中央财政转移支付，地方政府和企事业单位投入、优惠贷款、社会捐赠等其他渠道明显缺失。尽管近年来多地区对横向生态补偿进行了尝试，但在国家和地方层面，尚缺乏横向生态补偿的法律依据和政策规范；开发地区、受益地区与生态保护地区、流域上游地区与下游地区之间缺乏有效的协商平台和机制，尤其作为生态保护主要实施者的农民和生态保护受益区的公众没有参与。

（2）补偿对象确定方式不合理。

受法律不完善和相关资金短缺的影响，生态补偿对象的确定存在一定的局限性和盲目性。我国偏重于对生态环境类型的分类，而忽略了对林地、水域以及生态系统整体的价值考量。按照国家法规划定的自然保护区、保护林、生态保护流域的补偿拨款尚不能满足当地的社会发展要求和生态补偿需要，一些参评等级较低，范围相对较小的区域往往得不到应有的重视。考虑到同一类型生态系统在不同地域类型影响力不同，简单的统一标准往往容易忽视对等级较低而影响较大的生态区域的有效保护和合理开发。由于补偿对象范围过于狭窄，生态系统得不到全方位、多角度的合理维护，影响了补偿的效果，限制了生态补偿资金的合理有效利用。

（3）补偿标准低且单一，确定方法缺乏科学依据。

目前我国的生态补偿标准是以政府支付能力为基础确定的，没有充分考虑保护森林、草地、湿地等给农牧民带来的机会成本的损失。尤其在许多地区生态补偿资金仅仅用于护林员的劳务费、森林病虫害费用和火灾的防护费等，农民根本得不到任何补偿金（欧阳志云 等，2013）。并且，生态补偿标准体系、生态服务价值评估核算体系、生态环境监测评估体系建设滞后，有关方面对生态系统服务价值测算、生态补偿标准等问题尚未取得共识，缺乏统一、权威的指标体系和测算方法。另外，多数地区的生态补偿标准往往存在“一刀切”的现象，未考虑生态系统的差异性，补偿者的承担能力等，缺乏差别化、动态化的补偿标准（金淑婷 等，2014）。因此，探讨有效的差异化的生态补偿标准对我国建立生态补偿机制具有科学的指导意义。

1.1.2 研究意义

本书主要通过 ArcGIS 空间分析手段和实地问卷调查的方法，定量化探讨县域（市、区）尺度下生态系统服务价值增量的空间差异性；在确定生态系统服务价值增量空间差异性的基础上，对其进行分区研究并通过情景分析计算，比较未来发展和保护情景下生态系统服务价值的权衡和协同关系，探讨得出综合增量最协调的未来发展和保护情景模式；最后结合生态保护的支付意愿、直接成本、机会成本和生态系统服务价值增量，确定不同分区下的生态补偿标准。

本书具有科学研究和实践支撑的双重价值。具体来说，有如下两方面意义：

(1) 学术意义

首先，本书从区域整体角度出发，科学表征了快速城市化背景下研究区域生态系统服务价值增量的空间差异性；其次，本书建立了一套科学方法，在统筹考虑多重因素时制定了科学的差异化生态补偿标准；最后，该生态补偿标准研究可以为我国生态补偿领域的研究提供可靠的基础数据和研究思路，丰富我国生态补偿领域的研究。

(2) 应用意义

本书解决了生态补偿中的“谁补偿谁”和“补偿多少”两大关键问题，并通过问卷调查明确补偿方的支付意愿，这些可以为政府管理部门制定和推进差异化的生态补偿办法、制度等提供科学依据，最终促进生态与经济的可持续发展。

1.2 国内外研究进展

1.2.1 生态系统服务内涵及分类

生态系统服务的概念在20世纪60年代首次提出（King, 1966）。Study of critical environmental problems（SCEP）（1970）随后在其《人类对全球环境的影响报告》中使用了“Environmental services（环境服务）”这一概念，与此同时其列举了自然生态系统对人类的环境服务功能，具体包括害虫控制、气候调节、水土保持、土壤形成、及物质循环等方面。Holdren和Ehrlich（1974）将其拓展为“Global environmental services（全球环境服务功能）”，并在环境服务功能体系中增加了生态系统维持土壤肥力和物种基因库的功能。随后Ehrlich等（1977）又提出了“全球生态系统公共服务”，后来逐渐演变为“Nature's services（自然服务）”（Westman, 1977），最后Ehrlich和Ehrlich（1981）对上诉相关概念进行了梳理和统一，首次提出了“Ecosystem services（生态系统服务）”。20世纪90年代以后关于生态系统服务的研究逐渐增多，不同的学者和组织对生态系统服务的定义有不同的描述，其中代表性的定义有以下四种：Daily（1997）认为，生态系统服务是生态系统与生态过程所形成及所维持的人类赖以生存的自然环境条件与效用，它不仅给人类提供生存必需的食物、医药及工农业生产的原料，而且维持了人类赖以生存和发展的生命支持系统，具体包括物质生产、农业害虫的控制、产生和更新土壤和土壤肥力、植物授粉、废物的分解和解毒、缓解干旱和洪水、稳定局部气候、缓解气温骤变、风和海浪、支持不同的人类文化传统、提供美学和文化、娱乐等。Costanza等人（1997）在Nature上发表的文章中将生态系统提供的各种商品和服务统称为生态系统服务，即人类直接或间接从生态系统功能（Ecosystem functions）中获得的收益，并将生态系统服务具体分为17种类型，每种类型又对应着一种或多种生态系统功能。Cairns（1997）从生态系统特征的角度考虑，将生态系统服务定义为对人类生存和生活质量有贡献的生态系统产品和生态系统功能。与Daily的观点相似，De Groot等人（2002）认为生态系统服务是自然过程及其组成部分提供的产品和服务，满足人类直接或间接需要的能力，并从生态系统功能的角度出发，将生态系统服务分为四大类，即调节功能、栖息地功能、生产功能和信息功能。MA（2005）报告中基本认同了Costanza的观点，认为生态系统服务是人类从生态系统获取的各种利益，并将生态系统服务归为四大类，即支持服务、调节服务、供给服务和文化服务。随着人们对生态系统服务的深入研究，2011年，最新的Common International Classification of Ecosystem Services（CICES）分类系统区分了中间服务和最终服务，认为支持服务是通过供给服务、调节服务和文化服务间接地影响人类福祉，其价值已经体现在这三类服务之中（Haines-Young and Postschin，2011）。因此，其把生态系统服务分为供给服务、调节与维持服务和文化服务三大类（见表1-1）。

我国关于生态系统服务的研究相对较晚，在20世纪90年代后才有学者将其内涵和价值评价方法引入中国，国内有关生态系统服务的研究随之有了较大发展。根据国外对“生态系统服务”表述方法的不同而在国内有不同译法，据此我国学者在翻译的时候也出现了不同，其中“Ecosystem services”（Daily，1997；Costanza et al.，1997）被译作“生态系统服务”（谢高地 等，2001；张志强 等，2001），“生态系统服务功能”（欧阳志云和王效科，1999；赵同谦 等，2004）或者“生态服务功能”（李锋和王如松，2004）。这几个名称在国内都有使用，目前国内使用最为广泛的是“生态系统服务功能”（欧阳志云 等，1999）。然而，“生态系统服务功能”这种译法的合理性受到了质疑，谢高地等（2006）认为，为与国际称法保持一致，同时考虑到名词结构的合理性，将“Ecosystem services”译为“生态系统服务”更为恰当。Costanza和MA的定义强调的是人类获得的收益，并非产生这些收益的功能和过程，而“生态系统服务功能”的译法容易将“服务”和“功能”两个不同的概念混淆。

在早期的研究中，不少研究者常常将生态系统服务（Ecosystem services）与功能（functions）的含义混淆，没有将“功能”与“服务”区分开，造成多项价值的重复计算。例如 Costanza 等（1997）就将避难所（refugia）和营养循环（Nutrimental cycling）等功能作为服务衡量，造成对食物供应、净水等服务的重复计算。对此，De Groot 等（2002）认为一个生态系统是由特定的生物与非生物组成的，形成的一定的结构。各组成相互作用，形成了持续不断的能量流、物质流等过程。在这些过程中，生态系统得以体现提供栖息地、供应物质、调控环境的功能。各项功能或独立、或联合作用，为人类社会提供服务（包括产品）。但这样的环境供应只是生态系统的功能，只有当这些功能产生为人类带来利益的作用，才能形成服务。一般来讲，生态系统功能侧重于反映生态系统的自然属性，而生态系统服务则是侧重于反映人类对生态系统功能的需要、利用和偏好（冯剑丰 等，2009）。生态系统服务是由生态系统功能产生的，生态系统服务与生态系统功能有对应的关系，但两者之间并不一定存在一一对应的关系。一种生态系统服务可能是由多种生态系统功能所共同产生的，一种生态系统功能也可能产生多种生态系统服务（谢高地 等，2001）（见图 1-1）。考虑到本书的研究目的，本书沿用 Costanza 等人（1997）的定义，认为生态系统服务（Ecosystem services）是生态系统提供的各种商品（goods）和服务（services）的统称。

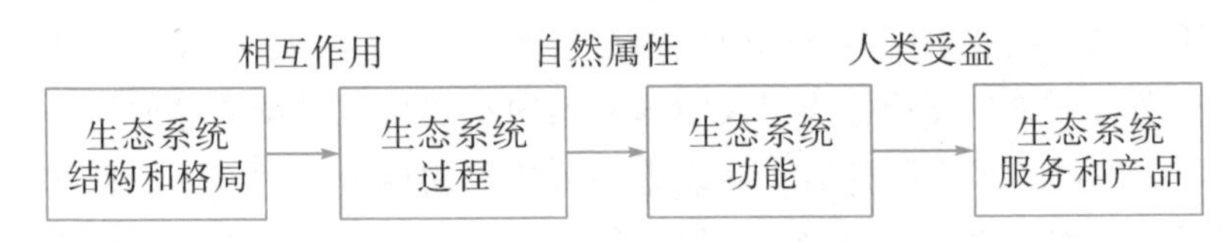

图 1-1 生态系统级联框架

在生态系统分类上，国内外学者根据不同的研究目的将生态系统分为不同的类别。Oudenhoven 等（2012）在区分生态系统属性、生态系统功能和服务的基础上，提出了一套综合的生态系统指标体系（12 个属性指标、9 个功能指标和 9 个服务指标）用以评估土地管理与生态系统服务供给之间的关系。我国学者与 Costanza 的分类相似，如欧阳志云等（1999）将生态系统服务功能分为可以商品化的功能（如食物供给、原材料供给）以及难以商品化的功能（如气候调节、水源涵养等）两大类。谢高地等

（2008）认为生态系统服务是指生态系统与生态过程所形成及所维持的人类赖以生存的自然效用，并根据中国民众和决策者对生态服务的理解状况，在 Costanza 等（1997）的分类基础上将生态服务重新划分为食物生产、原材料生产、景观愉悦、气体调节、气候调节、水源涵养、土壤形成与保持、废物处理、生物多样性维持共 9 项。李琰等（2013）根据最终生态系统服务所产生的收益和不同层次人类福祉的关联，将生态系统服务划分为福祉构建、福祉维护与福祉提升三大服务类别。Wong 等（2014）从生态系统的特征出发，在区别中间服务和最终服务的基础上，将湖泊生态系统分为水体净化、气候调节、水资源储存、粉尘控制、景观美化五类。

表 1-1　主要生态系统服务内涵及分类

来源	定义	分类
Daily（1997）	生态系统与生态过程所形成及所维持的人类赖以生存的自然环境条件与效用	三大类：提供生活与生产物质基础、维持生命系统和提供生活享受
Costanza 等（1997）	人类直接或间接从生态系统功能中获得的收益	十七类：食物生产、原材料、基因资源、气体调节、气候调节、干扰调节、水文调节、水供给、侵蚀控制和拦沙、土壤形成、营养循环、废弃物处理、授粉、生物控制、避难所、休闲、文化
De Groot 等（2002）	当满足人类需求时，可感知到的生态系统功能即为生态系统服务	四大类：生产功能、承载功能、调节功能和信息功能
MA（2005）	人类从生态系统获取的各种利益	四大类：供给服务、调节服务、支持服务和文化服务
CICES（2011）	人类从最终生态系统服务中获得的产品和收益	三大类：供给服务、调节与维持服务和文化服务
欧阳志云 等（1999）	生态系统与生态过程所形成及所维持的人类赖以生存的自然环境条件与效用	两大类：生态系统产品供给功能和支撑与维持人类赖以生存的环境功能
谢高地 等（2008）	生态系统与生态过程所形成及所维持的人类赖以生存的自然效用	九类：食物生产、原材料生产、景观愉悦、气体调节、气候调节、水源涵养、土壤形成与保持、废物处理、生物多样性维持

综上所述，由于生态系统的尺度和研究目的不同，生态系统服务可以存在多种分类方式（Costanza，2008；Fisher et al.，2009），关键取决于具体的评估环境和评估目的。目前学者们普遍认同MA分类体系中所包含的生态系统服务，但是在价值评价时倾向于将生态系统服务分为中间服务和最终服务，以最终服务的价值作为生态系统服务的总价值。无论是何种服务，只要对人类福祉产生贡献的都属于生态系统服务，在评价时应分开计算。

1.2.2 生态系统服务评价及权衡

自20世纪60年代King（1966）首次提出生态系统服务的概念以来，许多生态学者和经济学家对全球或区域生态系统服务和价值进行了评价研究。对生态系统服务的评价方法主要有三种：物质量评价法、价值量评价法和能值评价法。物质量评价法主要是从物质量的角度对生态系统提供的服务进行整体评价；价值量评价法主要是从价值量的角度对生态系统提供的服务进行评价；能值评价法主要从人类和生态系统的整体出发对生态系统提供的服务进行整体评价。

1.2.2.1 物质量评价法

物质量评价法是一种以物质量的角度展开而定量地对生态系统产生的服务给予说明的方法（赵景柱 等，2004）。由于生态系统服务的可持续性从根本上取决于生态系统的生态过程，而生态系统的生态过程则取决于生态系统服务物质量的动态水平，因此，物质量评价能够比较客观地反映生态系统的生态过程，进而反映生态系统服务的可持续性。物质量评价法评估的生态服务结果相比而言还是相对客观的，所评估的生态系统服务不会因为稀缺性变动而发生大的变化。但是该方法也有一定的局限性，如所需数据量较大，在大尺度研究上往往不能实现；评估结果往往得不到足够的重视，对生态系统的保护和管理以及生态服务的可持续利用造成影响；运用这种方法得到的各种服务的单位和量纲是不一致的，无法实现各生态系统服务量的总和及相互比较（庞丙亮，2014）。

部分学者使用生态经济模型来评估栖息地改变对渔业产量的影响、授粉服务与粮食产量之间的关系、生态系统条件与空气质量之间的关系等（Ricketts et al.，2004；Barbier，2007；Cooter et al.，2013）。Qiu和Turner（2013）利用不同的模型对美国中西部地区的一个城市化的农业集水区的

10 种生态系统服务的物质量进行评估。另外，目前对生态系统物质量的评价运用最多的模型是由美国斯坦福大学、世界自然基金会（WWF）和大自然保护协会（TNC）联合开发的基于 ArcGIS 应用平台的 InVEST（Integrated Valuation of Ecosystem Services and Trade-offs）模型（Crossman et al., 2013）。InVEST 模型可以量化生态系统服务功能并以图的形式表达出来，通过模拟预测不同土地利用情景下生态系统服务功能物质量和价值量的变化，权衡人类活动对生态系统产生的效益和影响（杨园园 等，2012）。目前，该模型已应用于中国白洋淀流域（白杨，2013）、密云水库流域（李屹峰 等，2013）、太湖流域（Ai et al., 2015），美国俄勒冈州（Hoyer and Chang, 2014）、亚马逊盆地（Tallis and Polasky，2009）、伯利兹（Clarke et al., 2015）等多个区域的生态系统服务功能评估。然而，该模型所能评估的内容还不够全面，仅能评估已有的模块，并且相对零散，比如在废弃物处理、非效用价值评估方面功能缺失（见图 1-2）（Tallis and Polasky, 2011）。因此，未来我们还需对该模型各模块的功能进行扩展与升级。

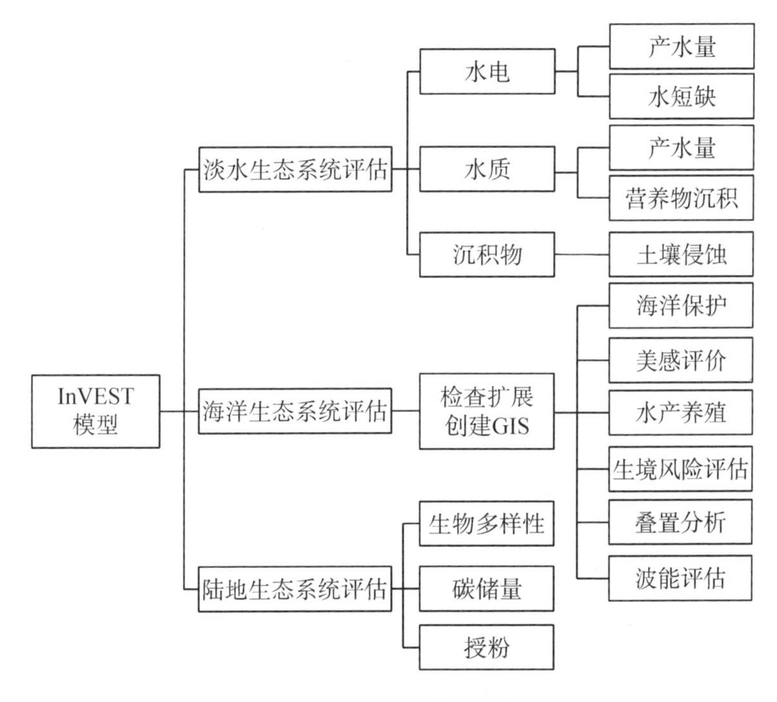

图 1-2 InVEST 模型结构

1.2.2.2 价值量评价法

价值量评价法是一种以货币形式来呈现生态系统服务价值的方法。就目前而言，有两种方式对生态系统服务价值进行评估：一种是对生态系统服务自身的价值给予评价；另一种是评价生态系统服务变化所产生的影响的价值。随着人类社会的进步与发展，同时在自然生态环境的变化对人类社会和经济活动产生严重影响的背景下，人类对于生态服务价值的认识程度已经影响到相关社会决策的制定，因此生态服务价值评估工作既必要又重要（贾芳芳，2014）。该方法的优势在于：评估结果量纲一致，都是货币值，可直接用于加和、比较；评估结果用以度量生态系统的生态服务产出，与国内生产总值（GDP）进行对比，并易于纳入绿色 GDP 的核算体系中（郑德凤 等，2014）。

目前，价值量评估法中主要评估方法有四种：直接市场法、替代市场法、模拟市场与效益转移法（Turner et al., 2010）。直接市场法包括市场价值法和生产函数法等，用来评估可以直接在市场交易的生态系统服务，如食物供给服务、原材料供给服务等。替代市场法又称揭示偏好法，包含旅行费用法、影子价格法及享乐价格法等，用来评估那些在市场中间接交易的服务，如废物处理、水源涵养等。模拟市场法又称陈述偏好法，包括条件评估法和选择模型法等，是通过假想的市场来评价那些不能通过市场进行交易的服务。效益转移法是指通过已有的研究，利用已有研究的均值或研究中建立的共性方程，来间接地获得实证研究案例结果。效益转移法具有速度快、花费小等优势，多用于较大的地理学尺度的分析（Wong et al., 2015）。生态系统服务价值评价方法多是建立在以人为中心的基础上的，人类的支付意愿会对生态系统服务产生严重影响，其结果有主观性与不确定性，而且由于各种评估方法均处在不断地完善与发展中，每种方法都存在优点与不足，因此，人们在评价时，需要根据不同的评估对象和评估目标选择不同的评估方法（赵海兰，2015）

在直接市场法的应用方面，Ruijs 等（2013）利用直接市场法估算了欧洲中部和东部 18 个国家的农业总产值来表征区域的供给服务价值。Ruijs 等（2015）利用农业收入产生的机会成本估算由于土地利用改变引起的生态系统服务价值的变化。Campagne 等（2015）利用市场价值法计算了以地中海地区的海草作为指示生物的价值。秦伟（2009）运用机会成本，借助监测来评估陕西省的四面窑沟流域的退耕还林土壤保育价值。段锦等人（2012）运用市场价值法和机会成本法等，对有机物质生产、水资源供给、水力发电、内陆航运等价值进行了估算。江波等（2015）利用市场价值法评价了新疆维吾尔自治区博斯腾湖提供的淡水产品、原材料和淡水资源价值。

在替代市场法的应用方面，Dunse 等（2007）利用享乐价格法研究了城市绿地对房地产的增值效应。研究发现，英国阿伯丁市的市属公园对房产价值的影响最大，其增值比例为 10.1%，地区公园和景观绿地对房价存在不同程度的增值效应。夏宾等（2012）以调查了北京市城区 15 个公园周边 76 个居住小区的房地产资料，然后采用享乐价格法分析了公园对房地产价格的影响距离及其增值系数。

在模拟市场法的应用方面，Takatsuka 等（2009）运用条件评估法评估了新西兰耕地的四种关键的生态系统服务：气候调节、水文调节、土壤保持和景观美化。Joo（2011）利用条件评估法对美国北卡罗来纳州的 201 户居民进行调查，评估了公众对水质提高的意愿价值。张翼飞（2008）以上海市城市内河——漕河泾为研究对象，构建该河流生态恢复的假想市场，通过条件评估法调查公众支付意愿，估算了公众对河流修复的意愿价值。史恒通和赵敏娟（2015）选择试验模型法，对渭河流域生态系统服务的非市场价值进行评估。

在效益转移法的应用方面，Aytursun 等（2011）评价了生态系统脆弱地区土地利用变化对生态系统服务价值的影响。Aretano 等（2013）利用 Costanza（1997）等的研究成果，探讨了人们对景观变化的感知是否影响地中海小岛屿的生态系统服务价值。在国内，自谢高地（2008）在 Costanza 的生态服务价值表的基础上，提出了符合中国的生态系统服务状况的价值当量表后，许多学者参考这一方法在较大尺度下，对不同地区的生态系统服务价值进行了评估。黄湘等（2011）采用谢高地的中国生态系统服务价值当量因子表，并结合西北干旱地区 4 个典型流域的实际情况，利用粮食产量修正法对研究区的生态系统服务价值系数进行修订，估算 1994—2005 年 4 个流域的生态系统服务价值。杨洁等（2015）也采用了同样的修正方法，分析了吉林省辽河流域 23 年的区域生态系统服务价值对土地利用变化的响应。Peng 等（2015）采用谢高地的中国生态系统服务价值当量因子表，基于遥感数据和 ArcGIS 分析平台评估了成都市土地利用变化对生态系统服务价值的影响。

1.2.2.3 能值评价法

能值（Emergy）是指一流动或储存的能量所包含另一种类别能量的数量，即资源、产品或劳务形成过程中直接或间接投入应用的一种有效能总量，实质上能值就是包被能（Odum，1996；蓝盛芳 等，2002）。能值分析用于生态系统价值评估的优势在于可以将流动和贮存在生态自然系统和生态经济系统中的不同质和量的能量转化为统一标准的太阳能值，反映和比较生态系统中不同等级的能量的真实价值与贡献（王玲和何青，2015）。Vassallo 等（2013）利用能值分析评估了地中海海草的经济价值。李丽锋等人（2013）以双台河口湿地为对象，利用能值评价法对调节服务价值、文化服务价值进行了估算，证明了能值分析理论对生态价值评估具有较高的可参考性。然而，能值评价法中还没有一套完善和合理的生态价值评估指标体系，且能值转换率的计算需要对生产该产品的系统作能值分析，用系统消耗的太阳能值总量除以产品的能量而求得，而某种能量的单位转换率受太阳能转化的影响较大，很难用太阳能焦耳来度量，计算难度较大（刘兴元，2011）。

1.2.2.4 生态系统服务权衡与协同

随着人们对生态系统服务研究的深入，近年来，国外研究已经由单纯对生态系统服务价值的评估转移到研究各价值之间的相互关系，其中以权衡与协同关系研究较多。由于生态系统服务种类的多样性、空间分布的不均衡性以及人类使用的选择性，生态系统服务之间的关系出现了动态变化，表现为此消彼长的权衡、相互增益的协同等形式。权衡（trade-off）是指某些类型生态系统服务的供给，由于其他类型生态系统服务使用的增加而减少的状况。协同（synergies 或 co-benefits）是指两种或多种生态系统服务同时增强的情形（李双成 等，2013）。一些地区的研究案例表明，多种生态系统服务之间存在着协同或权衡的关系。如 Peterson 等（2003）对美国威斯康星州北部高原湖泊的研究发现，随着湖岸建筑不断增加，湖泊开发使得沿岸经济增长，湖岸的文化服务功能加强，但湖泊的产品供给服务功能下降，调节功能也受到影响。饶胜等（2015）运用极值法构建了正蓝旗草地生态系统服务的权衡利用模型，以生物量作为决定生态系统服务价值的关键变量，对区域草地的供给服务价值和防风固沙价值进行了权衡分析，以实现草地生态系统的价值最大化。Raudsepp-Hearne 等（2010）对 12 种生态系统服务进行聚类分析，确定了 6 类生态系统服务簇，发现供给服务与调节服务和文化服务之间存在着权衡关系。Qiu 和 Turner（2013）利用因子分析来确定 10 个生态系统服务之间的权衡和协同关系。结果表明，多数生态系统服务之间存在着协同关系，而粮食生产与水质之间存在着权衡关系。尽管粮食生产与水质之间存在权衡关系，但从空间上来看，有些区域两者之间是正相关的，说明粮食生产与水质之间的权衡在某些地方是可以改善的。Geneletti（2013）通过权衡曲线来表达不同政策下不同生态系统服务之间的权衡关系。Onaindia 等人（2013）在评估生态保护区的生物多样性、固碳和水流调节价值的基础上，分析了三者的权衡关系，发现松树和桉树种植园会促进生态系统服务的供给，但对生物多样性产生负面影响。Lu 等（2014）利用统计的参数均方根偏差作为一个指标来量化在不同降水梯度和树龄下的两种生态系统服务之间的权衡，并利用双因素方差分析比较了这些权衡之间的潜在差异。

可见，生态系统服务的权衡分析是生态系统服务研究，尤其是生态系统服务与经济社会发展融合研究的重要基础。在区域尺度上，为了避免以牺牲多种生态系统服务的代价来换取某一种特定服务，人们迫切需要对作为区域复合生态系统中最重要的不确定性因素的土地覆被的变化及其所带来的相关多种生态系统服务价值的改变进行综合、合理的管理、调节和权衡，以便深入了解不同服务相互关联的作用因子和作用机制，准确分析比较它们之间的关系，指导人类合理开发利用自然资源。

1.2.3 生态补偿

1.2.3.1 生态补偿内涵

生态补偿（Eco-compensation）是一种以保护生态服务功能、促进人与自然和谐相处为目的，根据生态系统服务价值、生态保护成本、发展机会成本，运用财政、税费、市场等手段，调节生态保护者、受益者和破坏者经济利益关系的制度安排（王金南 等，2006）。生态补偿的目的是可持续地利用生态系统服务，其主要通过经济手段来调节相关者的利益关系（赵云峰，2013）。

在国内外，生态补偿的定义有狭义和广义之分。狭义的生态补偿强调的是资源的外部性，也叫外部生态补偿，是指政府对在恢复与重建生态系统、修复生态环境的整体功能、预防生态失衡和环境污染治理过程中所发生的成本费用给予合理经济补偿的总称（张焱秋，2011）。狭义的生态补偿相当于国外的生态系统服务付费，即 Paymentfor Ecosystem Service（PES）或 Payment for Eeosystem Benefit（PEB）的概念。Cuperus 等提出生态系统服务付费是对在发展中对生态功能和质量造成损害的一种补助。提供这些补偿的目的是提高受损地区的环境质量或者用于创建新的具有相似生态功能和环境质量的区域（Cuperus et al.，1996）。当前国际上较为认可的是 Wunder 提出的定义，他指出生态系统服务付费是一种市场化的保护机制，需要满足五个条件：自愿交易行为；定义明确的生态系统服务；至少有一个服务购买者；至少有一个服务提供者；当且仅当服务提供者保证提供生态系统服务（Wunder，2005）。Engel 等（2008）在 Wunder 定义的基础上强调生态系统服务的外部性会造成其管理不善，PES 可将具有正外部性的生态系统服务内部化。Farley（2010）认为生态系统服务付费是以市场机制管理生态系统服务的交易，是提升生态保护效率的一种手段。我国学者庄国泰等人认为征收生态环境补偿费是对自然资源的生态环境价值进行补偿，并非国内一些部门征收的资源税，以此才可以把生态破坏的外部不经济性转化为企业内部的不经济性，促使其加强对生态环境的保护。征收生态环境补偿费的核心是通过经济动力促使破坏环境者控制自身的活动，以达到一定的环境目标（庄国泰 等，1995）。赵雪雁和徐中民（2009）认为生态系统服务付费既是一个非常有效的激励机制，也是一个很有效的筹资机制。只要这种保护工作可以增加能被商品化或交易的生态服务供给，那么这些保护区就可以从生态系统服务付费中获得很大的收益。游彬（2008）指出，生态服务付费是以有效保护和可持续利用生态环境服务为目的，以市场化运作为导向，以经济手段为主要调节方式，对为恢复和维持生态环境服务功能而牺牲发展机会的个人、单位及地区进行合理的各种经济补偿，从而平衡生态保护各利益相关者之间的利益关系，以实现经济、生态与社会全面可持续发展。政府既是在市场机制下与其他经济实体平等的生态服务购买者，也是生态服务付费市场机制有效运行的推动者、协调者及保障制度的提供者，而不是行政命令的强制执行者。

随着社会经济的进一步发展，以及生态危机的频繁发生，生态补偿的目的更加清晰，广义生态补偿的定义逐渐代替狭义生态补偿的定义而被广泛采纳。广义的生态补偿，既包括对破坏生态系统和自然资源造成损失的赔偿，也包括对那些为保护和恢复生态环境及其功能而付出代价、做出牺牲的单位和个人进行的经济补偿。因此，生态补偿可以理解为生态服务的付费、交易、奖励或赔偿的综合体（姜宏瑶，2010）。生态补偿可以是对破坏的区域进行生态改善，也可以是建造新的栖息地（Villarroya & Puig，2010）。毛显强认为生态补偿是指通过对损害（或保护）资源环境的行为进行收费（或补偿），提高该行为的成本（或收益），从而激励损害（或保护）行为的主体减少（或增加）因其行为带来的外部不经济性（或外部经济性），以达到保护资源的目的。生态补偿是一种外部成本内部化的环境经济手段，其核心问题应包括"谁补偿谁""补偿多少"和"如何补偿"等（毛显强 等，2002）。蔡邦成等（2005）指出生态补偿是对生态环境保护、建设者的一种利益驱动机制、激励机制和协调机制。其不仅是对环境负面影响的一种补偿，也是对环境正面效益的奖励，涉及的范围包括项目建设、政策、规划、生态保护等多个方面。生态补偿的核心是政府利用行政或市场手段，依据生态系统服务价值、生态保护成本、发展机会成本，对生态系统和自然资源保护所获得效益的奖励或破坏生态系统和自然资源所造成损失的赔偿（中国生态补偿机制与政策研究课题组，2007）。

总的来说，生态补偿内涵主要包括三个方面：一是生态补偿的目的是保护和可持续地利用生态系统服务；二是生态补偿的对象是遭受人为破坏的生态环境的恢复与治理；三是生态补偿的方式是辨明生态环境破坏与保护的行为及其主体，采取针对性的惩罚或补偿措施。

1.3 主要研究目标及内容

1.3.1 研究目标

理论目的：①通过利用 ArcGIS 空间分析手段和实地问卷调查的方法，定量化探讨县域（市、区）尺度下生态系统服务价值增量的空间差异性。②尝试将物质量与价值量结合对生态系统服务价值增量进行定量评估，权衡不同情景下、不同分区的各种生态系统服务之间的关系，得出各生态系统服务价值增量最均衡的未来发展模式。③结合机会成本、实地调查各分区的直接成本以及受益区的公众支付意愿，提出了不同分区下的生态补偿标准。

应用目的：①解决生态补偿中的"谁补偿谁"和"补偿多少"两大关键问题，并通过问卷调查得到补偿方的支付意愿，为政府管理部门制定和推进差异化的生态补偿办法、制度等提供科学依据，最终促进生态和经济的可持续发展。②课题研究中的实证研究方法，以及案例研究为同行开展相关研究提供方法借鉴，研究结论为后续相关研究或同行开展类似研究提供研究基础。

1.3.2 研究内容

本书以可持续发展观为指导思想，以生态保护和区域经济可持续发展为目标，以苏锡常地区为研究区域，以研究区土地利用时空格局及演变特征研究、生态系统服务价值时空分布及其区域增量空间差异性研究、生态系统服务价值区划与权衡研究、差异化生态补偿标准制定研究为主要研究内容，以 ArcGIS 空间分析、系统聚类分析、条件评估法、线性回归分析和情景分析法为主要研究方法，开展快速城市化地区生态补偿标准差异化研究，为实现生态保护和建立科学合理的生态补偿机制提供理论支持和政策指导。具体研究内容如下：

研究内容一：研究区土地利用时空格局及演变特征研究

本书采集、利用 1995—2010 年 4 期遥感影像数据，利用 ArcGIS 空间分析手段，分析研究区的土地利用变化的时空特征，以及城市化扩展、湿地景观格局变化，为定量化研究苏锡常生态系统服务价值提供数据支撑。

研究内容二：生态系统服务价值时空分布及其区域增量空间差异性研究

由于区域生态补偿最终是以行政单元作为补偿对象，因此，本书的研究尺度为县（市、区）尺度。在土地利用数据的基础上，本书收集了气象数据、地形数据、土壤数据、人口数据等，将物质量与价值量评估法相结合，定量估算 2000—2010 年研究区各县（市、区）生态系统服务价值的时空分布。在此基础上，本书通过空间叠加分析，得到 10 年间各县（市、区）生态系统服务价值增量的空间差异性，为差异化生态补偿的制度提供理论依据。

研究内容三：生态系统服务价值区划与权衡研究

在确定生态系统服务价值供给的空间差异化的基础上，本书结合生态系统服务价值增量、人口密度、单位面积 GDP 和城市扩展强度变化等因素，利用系统聚类分析将研究区的生态系统服务价值增量进行区划，并采用情景分析法计算和比较不同未来发展和保护情景下各类生态系统服务价值增量及其空间权衡关系，探讨得出各分区生态系统服务价值最均衡的未来发展情景。

研究内容四：差异化的生态补偿标准制定研究

结合研究内容三探讨得出的最优发展情景下的生态系统服务价值增量，分别计算各分区下公众对生态保护的支付意愿、直接成本和机会成本，确定了各分区的生态补偿标准，以此为区域生态补偿制度的建立提供科学依据。

1.4 研究方法及技术路线

1.4.1 研究方法

（1）规范研究与实证研究相结合。本书运用空间异质性理论、生态环境价值理论进行生态系统服务价值评估并对土地利用的时空格局及演变特征进行研究；借鉴复合生态系统理论综合生态系统服务价值增量、人口密度、单位面积 GDP 和城市扩展强度变化等因素进行生态系统服务价值区划与权衡研究，并利用生态经济理论和可持续发展理论对市场化、多元化的生态补偿标准制定进行了探讨。

（2）宏观数据与微观调研相结合。本书了解了生态服务和产品、人口、经济、社会等方面空间差异性现状及生态补偿需求，拟通过宏观市（区、县）域经济数、人口、水文气象、生态环境数据进行分析呈现；同时，对部分典型生态服务和产品输出区、输入区的生态服务进行调研走访、深度访谈和问卷调查，以此采集微观层面数据，为差异化生态补偿标准的制定提供数据支撑。

（3）计量分析与可视化分析相结合。本书基于 ArcGIS、GeoDa 等软件平台，对土地利用、生态系统服务价值的时空演变研究采用可视化表示，并探讨得出最优发展情景下的生态系统服务价值增量，分别计算出各分区下公众对生态保护的支付意愿、直接成本和机会成本进行生态补偿标准的制定。

1.4.2 研究路线

研究技术路线详见图 1-3。

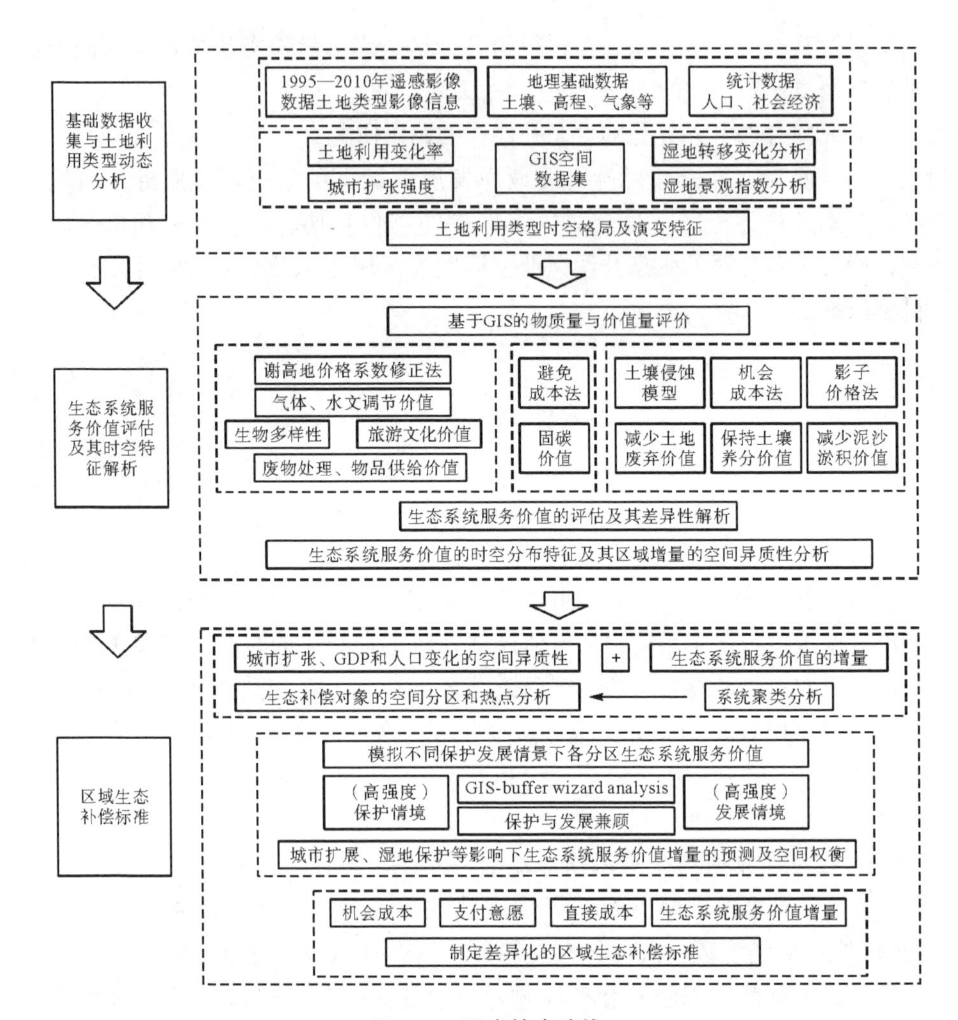

基础数据收集与土地利用类型动态分析
1995—2010年遥感影像数据土地类型影像信息
地理基础数据土壤、高程、气象等
统计数据人口、社会经济
土地利用变化率
城市扩张强度
GIS空间数据集
湿地转移变化分析
湿地景观指数分析
土地利用类型时空格局及演变特征
生态系统服务价值评估及其时空特征解析
基于GIS的物质量与价值量评价
谢高地价格系数修正法
气体、水文调节价值
生物多样性
旅游文化价值
废物处理、物品供给价值
避免成本法
固碳价值
土壤侵蚀模型
机会成本法
影子价格法
减少土地废弃价值
保持土壤养分价值
减少泥沙淤积价值
生态系统服务价值的评估及其差异性解析
生态系统服务价值的时空分布特征及其区域增量的空间异质性分析
区域生态补偿标准
城市扩张、GDP和人口变化的空间异质性
+
生态系统服务价值的增量
生态补偿对象的空间分区和热点分析
系统聚类分析
模拟不同保护发展情景下各分区生态系统服务价值
（高强度）保护情境
GIS-buffer wizard analysis
保护与发展兼顾
（高强度）发展情境
城市扩展、湿地保护等影响下生态系统服务价值增量的预测及空间权衡
机会成本
支付意愿
直接成本
生态系统服务价值增量
制定差异化的区域生态补偿标准

图 1-3　研究技术路线

2　理论基础及研究区概况

2.1　理论基础

对生态系统服务价值及生态补偿问题进行理论分析，阐述其中包含的生态经济学、环境经济学与资源经济学理论，是指导生态补偿实践的基础。运用可持续发展理论、公共物品理论、生态环境价值论、外部性理论等为区域生态补偿的研究与分析提供理论支撑，是实践生态补偿的前提。

2.1.1　可持续发展理论

1987年，挪威前首相布伦特兰夫人领导的世界环境与发展委员会向联大提交了研究报告《我们共同的未来》，报告将注意力集中在人口、粮食、物种和遗传资源、能源、工业和人类居住等方面，并提出了“可持续发展”的概念。该报告把环境保护与人类发展切实结合起来，实现了人类有关环境与发展思想的重要飞跃，并成为世界各国和地区指导发展的战略首选。可持续发展是指在保护环境的条件下，既满足现代人的需求又不损害后代的需求的发展模式。换句话说，就是指经济、社会、资源和环境保护协调发展，它们是一个有机的整体，既要达到发展经济的目的，又要保护好人类赖以生存的大气、淡水、海洋、土地和森林等自然资源和环境，使子孙后代能够永续发展和安居乐业。中国首次提出是在中国科学院《中国可持续发展战略报告》（1999）中。可持续发展理论的核心思想主要集中体现在公平性、可持续性以及共同性三大原则上：①公平性原则，是指在机会选择上的公平性，即包括横向的本代人之间的代内公平，也包括纵向的世代间的代际公平；②可持续性原则，资源和环境是可持续发展的重要制约因素，人类需要按照持续性原则对生活方式和资源政策进行调整；

③共同性原则，虽然世界各国的历史、经济、文化和发展水平不尽相同，且对于可持续发展的具体目标和实施战略各不相同，但是人类社会对于可持续发展的发展方向和终极目标的认识是一致的。随着经济的发展和生态环境保护实践的不断深入，我国政府从实际出发，结合我国国情，提出实施可持续发展战略，并进一步拓展了可持续发展的内涵，指出可持续发展的核心是发展，要实现人口、资源、环境、社会与经济协调发展，经济发展是根本保证；而资源的永续利用和良好的生态环境则是可持续发展的重要标志，防止环境污染和生态破坏，也是我国当前的基本国策。

随着人类社会经济的发展，生态环境的日趋恶化，环境资源的日益稀缺，生态补偿作为一种环境管制手段，能够有效平衡人类与生态环境之间的这种矛盾。生态补偿使人类在开发利用环境资源的同时，经由一定的交换方式来为大自然的自我恢复提供物质保障。人类历史发展证明，只有人类善待自然、合理开发自然，人类与自然才能和谐相处，人类社会才能真正实现可持续发展。由此可见，该理论为我国区域生态补偿制度的构建指明了目标和方向，即以经济的可持续发展为条件、以社会的可持续发展为目标，从而实现环境、社会、经济的和谐统一发展。可持续发展是实施生态补偿的根本目标，而区域生态补偿则是坚持资源可持续利用之路的必然要求。

2.1.2　生态环境价值理论

长期以来，人们以自身活动为中心，认为生态资源不是劳动产品，没有完全进入商业市场，它既没有价值，也没有价格。1997 年 Daily 等人编写出版的 *Nature's services: societal dependence on natural ecosystems* 以及 Constanza 等人在 *Nature* 上发表的 *The value of the world's ecosystem services and natural capital*，对全球各个生态系统的服务价值进行了定量估算。并且，该估算使人们开始反思传统的人类中心主义价值观，生态资源的价值开始逐渐得到人们的认可。生态系统除了为人类提供直接产品以外，它还具备其他各种效益功能，包括供给功能、调节功能、文化功能以及支持功能等。生态资源价值理论认为生态系统所提供的服务功能本身就具有价值，它反映的是生态资源对于维持人类生产生活，改善人类福祉的有用性。对于生态资源价值化的解释我们可以从盘活生态资源价值所经历的“生态资源价值培育—生态资源资本深化—生态资源价值实现”三个发展阶段进行阐释。（郎宇和王桂霞，2024）。其价值包括人们对生态资源的发现、保护、开发以及促进生态资源再生产等过程中投入的大量的物化劳动和活劳动。因此，人类在制定与生态系统管理有关的决策时，既要考虑人类福祉，同时也要考虑生态系统的内在价值。

生态系统作为人类赖以生存与发展的重要载体，在净化水质、气候调节、维持物种多样性等方面发挥着巨大的作用，具有很高的价值。生态环境价值论是构建生态补偿机制的价值基础，同时也是确定补偿标准的理论依据。人们准确地评估与定量化区域生态系统服务价值，科学地制定生态补偿标准，是实施生态补偿的重要前提。

2.1.3 环境外部性定理

环境外部性定理诞生于20世纪初，该定理是生态经济学和环境经济学的基础理论之一，由著名的经济学家马歇尔首先提出，随后他的学生庇古丰富并发展了这一理论。外部性是指由某经济主体的行为所获得的福利惠及了他人，而该经济主体并没有权利向他人索取补偿，他人也没有义务要向该经济主体提供补偿的一种现象。其实质是人类在生产、生活活动过程中对他人造成的一种正面或负面影响，即正外部性和负外部性。正外部性是指一些人的生产或消费使他人受益而又无法向受益者收费的现象；负外部性是指一些人的生产或消费使他人受损而受损者无法获得补偿的现象。

环境资源具有典型的外部经济性，而外部的不经济行为往往对环境资源造成损害。与此同时，外部性是引起市场失灵的重要原因，Pigou（1932）认为，外部性产生的根本原因是市场机制的失灵，市场不能实现对其自身行为的调整，必须依靠政府干预对市场失灵问题加以解决，这是污染物治理外部成本内部化。因此，生态补偿的根本目的就是消除经济活动中出现的负外部性问题，鼓励那些有正外部性的生产活动，即把外部成本内部化。对此，学界提出了三种路径以供选择："庇古税"路径、科斯的"产权"路径和"自主治理"路径。已有的生态补偿的实践主要有政府补偿、市场补偿和社区补偿这三种模式。其在具体操作方式上表现为：一是通过收费、征税、补贴、财政转移等一系列公共政策进行政府干预；二是在产权明晰的情况下，私人部门协商解决补偿问题；三是由社会成员自发自主进行补偿。

2.1.4 公共物品理论

相对于私人物品而言，公共物品具有鲜明的非竞争性、非排他性。非竞争性是指某人对某物品的消费并不能影响他人消费这种物品；非排他性是指某人对某物品的消费并不能排除他人消费这种物品。学者根据公共物品这两大属性的适用性对其做了进一步分类，将公共物品分为纯公共物品和准公共物品。据此，学者将资源生态系统分为两类，即具有纯公共物品属性的生态产品和具有准公共物品属性的生态服务。环境资源及其所提供的生态产品与服务所具有的公共物品特性，决定了个体在利用环境资源追求个人利益最大化的过程中将遭遇供给不足、过度使用等困境。对此，生态补偿恰可以通过制度设计来调节利益相关者之间的冲突，进而限制资源环境的过度使用，激励区域生态系统服务的供给。同时，我们要根据资源环境公共物品属性和适用范围的不同来确定生态补偿中不同补偿主体，明确其权利、责任和义务，实施有效补偿。

2.2 研究区概况

太湖是我国第三大淡水湖泊，位于长江下游，江苏省南部和浙江省北部。太湖南北长 68.5 km，东西平均宽 34 km，其湖泊面积约为 233 800 ha，水域面积约为 365 000 ha，蓄水量约为 44 亿 m^3，平均水深约为 2.1 m，是典型的大型浅水湖泊（Qin et al. 2010）。太湖流域平原区河网交织，流域内河道总长约 120 000 km，河网密度为每平方千米 0.033 km/ha，出入太湖河流 228 条，太湖流域以平原为主，占总面积的 4/6，水面占 1/6，其余为丘陵和山地，太湖北、东、南三边受长江口及杭州湾泥沙淤积的影响，形成沿江及沿海高地，整个地形成碟状，流域水流流速整体缓慢。这种自然特征使得自古以来长江上游冲刷带来大量营养物质沉淀于此。该区域土壤十分肥沃，一直是我国农业的发达地区。甚至可以说，这种独特的自然地理条件使得太湖发生富营养化现象变得比其他湖泊更为容易（张艳艳，2009）。

苏州-无锡-常州地区（以下称“苏锡常地区”）是环太湖的核心区域，也是江苏省经济最发达的地区之一，是我国人口密度最大、工农业生产发达、国内生产总值和人均收入增长最快的地区之一。2023 年平均城镇化率达 81.3%（江苏省统计局，2023）。2022 年苏锡常地区生产总值达 48 359 亿元，约占全国的 4.0%；人均生产总值达 56.27 万元，是全国人均生产总值的平均水平的 6.57 倍（江苏省统计局，2023）。

近年来，苏锡常地区高度城市化和工业化发展引起了生态系统的退化和丧失，随着环太湖地区经济社会快速发展，太湖生态系统的破坏和退化，已经影响到区域的生态安全和未来经济社会的可持续发展。为了防止危机的发生，党中央、国务院及江苏省委、省政府高度重视太湖流域水环境综合治理工作，并将苏锡常地区作为太湖水污染防治的重点地区之一，以及江苏省水污染防治的重中之重。另外，苏锡常地区也是江苏省承担生态文明建设任务较重的地区之一，省规划确定苏锡常的生态红线区域为 543 857 ha，占全省生态红线区域面积的 23.8%，占苏锡常地区国土面积的 31.1%（全省平均为 22.2%）。尽管苏锡常地区生态保护与修复方面的投入越来越大，生态工程建设力度越来越大，但其生态补偿制度的建立并不完善，主要体现在以下三个方面：①财政拨付主要是自上而下，还未较好地由纵向财政拨付过渡到横向资金转移支付上；②补偿对象难以界定，未能真正体现“谁受益谁补偿，谁保护谁受偿”的原则；③生态补偿标准的制度缺乏科学性，存在“一刀切”现象。即使苏州对水稻田的补偿采取阶梯式，但也仅仅考虑了农户的机会成本，存在生态补偿标准过低的现象。因此，我们在苏锡常地区研究差异化生态补偿标准对于提高生态补偿政策的科学合理性与可操作性，以及推广应用都具有十分重要的意义。

2.2.1 自然概况

2.2.1.1 地理位置

苏锡常地区位于北纬 30°45′～ 32°02′、东经 119°8′～121°19′之间，地处长江三角洲的中心地带，江苏省的南部，总面积达 1 750 000 ha，该地区邻长江，与上海、浙江、安徽等接壤。苏锡常地区交通网发达，有沪宁高速公路、苏嘉杭高速公路、国道、绕城高速公路和京沪高速铁路，区位条件十分优越。

2.2.1.2 地势地貌

苏锡常地区内基岩出露很少，偶见环太湖地带及苏锡两地部分市县星散分布着低山、残丘，一般呈带状分布，局部为孤岛状。该地区大部分为平原，地面高程接近海平面，除西南部山地外，大部分地区在 10 m 以下。苏锡常地区从地势上讲，东低西高，由南往北微倾，该地区最东部苏州阳澄湖一带分布有洼地，水网纵横分布，面积很大，其地面更低，因此，地势低洼是苏锡常地区平原地带最为典型的特点之一（杨延昭，2012）。

2.2.1.3 气候

苏锡常地区属亚热带海洋性气候区，四季分明，热量充足，降水丰沛，雨热同季。夏季受来自海洋的夏季季风控制，盛行东南风，天气炎热多雨；冬季受大陆盛行的冬季季风控制，大多吹偏北风；春、秋是冬、夏季风交替时期，春季天气多变，秋季秋高气爽。2013 年全年平均气温 17℃左右、年降水量 1 100 mm 左右，雨季较长，主要集中在夏季。全年降水量大于蒸发量，属湿润地区，日照时数 2 000 小时左右。该地区常见的气候灾害有台风、暴风、连阴雨、干旱、寒潮、冰雹和大风等。

2.2.1.4 水文

苏锡常地区的河流属太湖流域区水系，河网稠密，湖泊众多。该地区内有著名的太湖、长江、京杭大运河等。长江位于北部江阴市，由北偏南流向东偏北方向。京杭大运河横贯市区，锡澄运河、锡北运河连接长江，梁溪河、洋溪河通向太湖。苏锡常地区地表水和地下水较丰富，外来水源补给充足。

因处苏南为典型的河网地区，地势平坦，河流比较小，水流缓慢，整个河网地区的水流情况不仅与季节有关，而且与长江、大运河和河网区其他河流的水位差、流量变化有关，甚至与人为调节（如闸坝运行、引江济太）等因素有关。

2.2.2 社会经济

2022 年苏锡常地区总面积为 1 765 600 ha，户籍人口 1 682.95 万人，平均城镇化率 81.3%。实现地区生产总值 48 359 亿元，按常住人口计算人均生产总值达到 18.77 万元（江苏省统计局，2023）。苏锡常城市群以全省约 17%的国土面积和不到 20%的人口，创造了全省近一半的生产总值，竞争力在全省乃至全国排名名列前茅。苏锡常地区经济基础好，实力强，为生态保护与生态补偿积累了雄厚的技术、人才和资金优势。

苏锡常地区目前处于工业化高级阶段的初期，是江苏省城市化水平最高，产业、人口、城镇高度密集的地区，该地区表现出进一步迅猛发展、加速集聚的态势，城镇群体已经呈现出连片发展的趋势。我国以大城市为主体的经济发展模式将逐步取代以小城镇为主体的经济发展模式，开始具有城市群的特征。城市化的加速和经济社会的高速发展，势必会对苏锡常地区生态系统造成压力，经济发展和生态保护之间的矛盾日益突出。

2.3 本章小结

本章内容是本书的立足点和理论基础。本章首先探讨了生态补偿的生态学、经济学理论基础，包括可持续发展理论、生态环境价值理论、环境外部性理论、公共物品理论等，为区域生态补偿研究的开展奠定了科学的理论基础。在此基础上，本章阐明了选择环太湖的苏锡常地区作为研究区域的主要原因。该地区高度城市化和工业化发展引起了生态系统的退化和丧失；政府高度重视，加大苏锡常地区的生态保护力度和生态工程的建设力度，然而在此过程中，生态补偿制度的建立并不完善，主要体现在：①财政拨付主要是自上而下，还未较好地由纵向财政拨付过渡到横向资金转移支付上；②补偿对象难以界定，未能真正体现“谁受益谁补偿，谁保护谁受偿”的原则；③生态补偿标准的制度缺乏科学性，存在“一刀切”现象。因此，我们在苏锡常地区研究差异化生态补偿标准对于提高生态补偿政策的科学合理性与可操作性，以及推广应用都具有十分重要的意义。

3 基于生态系统服务价值区划的补偿标准与政策需求

3.1 我国生态补偿政策演进

我国生态补偿从改革开放以来已走过四十多年的历程，经历了从一些地方政府对若干领域（如水域、林地）生态补偿到全国范围这样一个从点到面、从局部到整体的发展过程。这期间伴随着理论指导实践的生态补偿过程。本书将我国生态补偿政策的演进分为了三个阶段，第一个阶段是生态补偿政策处于启蒙阶段（1998 年到 2004 年），生态补偿政策依附于环境管制，当时，国家出台了较多环境管制方面的政策；第二个阶段是生态补偿政策发展阶段（2005—2012 年），生态补偿政策开始进入国家层面的重视阶段，这个阶段是“谁收益谁补偿”的阶段；第三阶段是生态补偿政策完善阶段（2013 年至今），在新常态下，党的十八大和十八届三中全会对生态文明建设的重要性和紧迫性也作出了科学论述，把生态文明建设纳入到“五位一体”总体布局中进行谋划和部署，明确要求建立反映市场供求和资源稀缺程度、体现生态价值和代际补偿的资源有偿使用制度和生态补偿制度。

3.1.1 启蒙阶段：环境管制政策的出台

改革开放以来，我国经济持续快速增长，但我国在工业化、现代化、城市化的高速发展过程中，资源掠夺式利用问题、环境污染和环境损害问题逐渐成为社会经济发展过程中的伴生现象。为解决经济快速增长与资源环境的掠夺式消耗之间的尖锐矛盾，我国政府在改革开放之初就将治理环境污染和环境损害的环境保护置于国家战略的高度，并逐步将正外部性内部化的生态补偿作为环境保护的一个重要方面，生态补偿成为中国环境保护政策框架中的附属部分。

我国从20世纪70年代初就非常重视环境保护，1973年国务院批转国家计划委员会《关于全国环境保护会议情况的报告》的批文中提出：经济发展和环境保护同时并进、协调发展。1983年第二次全国环境保护会议提出："经济建设、城乡建设、环境建设，同步规划、同步实施、同步发展，实现经济效益、社会效益和环境效益相统一。""同步规划、同步实施、同步发展"与"经济效益、社会效益和环境效益的统一"简称为"三同步和三统一"。在1979年，我国就颁布了《中华人民共和国环境保护法（试行）》，标志着我国环境保护开始步入依法管理的轨道。随之颁布了《中华人民共和国森林法》《中华人民共和国草原法》《中华人民共和国矿产资源法》《中华人民共和国水法》等重要资源领域保护方面的法律，初步构成了一个依附于环境保护法律制度的生态补偿制度雏形。1989年第七届全国人民代表大会常务委员会第十一次会议通过了《中华人民共和国环境保护法》（以下简称《环境保护法》），该法将"三同步和三统一"的原则赋予了上位法的地位，该法第一章第四条规定："国家制定的环境保护规划必须纳入国民经济和社会发展计划，国家采取有利于环境保护的经济、技术政策和措施，使环境保护工作同经济建设和社会发展相协调"；第一章第八条规定："对保护和改善环境有显著成绩的单位和个人，由人民政府给予奖励"。此时生态环境保护效益的补偿已在《环境保护法》中初步规定。2002年我国政府修订了《中华人民共和国草原法》与《中华人民共和国水法》，两则法规中分别提出在草原禁牧、休牧、轮牧区，国家对实行舍饲圈养的给予粮食和资金补助；按照国家取水许可制度和水资源有偿使用制度，直接从江、湖或地下取水的单位和个人需申请取水许可证，并缴纳水资源费，取得取水权。

在启蒙阶段，我国生态补偿政策主要涉及森林、草原、流域、水资源和矿产资源开发等，我国初步建立了水资源的有偿使用制度，提出了对保护和改善环境有显著成绩的单位和个人给予奖励，但并未提出奖励标准；国家林业局发布了中央森林生态效益补偿基金，但规定该基金只用于提供生态效益的防护林和特种用途林的森林资源、林木的营造、抚育、保护和管理；相关政府部门提出了在草原禁牧、休牧、轮牧区，国家对实行舍饲圈养的给予粮食和资金补助，但并未提出补偿标准。所以，这一时期的生态补偿政策仍然局限在生态环境保护的直接生产成本或生态建设成本的层面，对生态保护发展机会成本的补偿没有涉及，对生态保护效益的补偿本质上也并未触及。

3.1.2 发展阶段：以“受益者补偿”为指导原则

中国生态补偿法治建设的形成阶段是以“受益者补偿”为特征的。2005 年党的第十六届五中全会通过的《关于制定国民经济和社会发展第十一个五年规划的建议》首次提出，按照谁开发谁保护、谁受益谁补偿的原则，加快建立生态补偿机制。国家发展和改革委员会根据《中华人民共和国国民经济和社会发展第十一个五年规划纲要》要求组织编制《全国主体功能区规划》，指导地方编制省级功能区规划，为建立生态补偿机制提供空间布局框架和制度基础。

2006 年财政部、国土资源部、环保总局发布《关于逐步建立矿山环境治理和生态恢复责任机制的指导意见》，该意见指出相关部门“确定按矿产品销售收入的一定比例，由矿山企业分年预提矿山环境治理恢复保证金，并列入成本”。2007 年国家环保总局发布《关于开展生态补偿试点工作的指导意见》指出“通过试点工作，研究建立自然保护区、重要生态功能区、矿产资源开发和流域水环境保护等重点领域生态补偿标准体系，落实补偿各利益相关方责任，探索多样化的生态补偿方法、模式”。2007 年财政部农业农村司出台的《中央财政森林生态效益补偿基金管理办法》指出，“中央财政补偿基金平均标准为每年每亩 5 元，其中 4.75 元用于国有林业单位、集体和个人的管护等开支，0.25 元由省级财政部门（含新疆生产建设兵团财务局，下同）列支”。2009 年财政部印发《国家重点生态功能区转移支付（试点）办法》指出中央财政在均衡性转移支付项下设立国家重点生态功能区转移支付，由转移支付标准收支测算办法、补助范围的确定、转移支付分配、资金使用与绩效考评等具体办法构成。2010 年中华人民共和国第十一届全国人民代表大会常务委员会第十八次会议修订通过了《中华人民共和国水土保持法》，该法提出“将水土保持生态效益补偿纳入国家建立的生态效益补偿制度”；“在山区、丘陵区、风沙区以及水土保持规划确定的容易发生水土流失的其他区域开办生产建设项目或者从事其他生产建设活动，损坏水土保持设施、地貌植被，不能恢复原有水土保持功能的，应当缴纳水土保持补偿费，专项用于水土流失预防和治理。”同年国务院将《生态补偿条例》起草工作正式列入2010年立法计划。发展改革委会同有关部门起草了《关于建立健全生态补偿机制的若干意见》征求意见稿和《生态补偿条例》草稿，提出中央森林生态效益补偿基金制度、重点生态功能区转移支付制度、矿山环境治理和生态恢复责任制度，初步形成了生态补偿制度框架。2013年《国务院关于生态补偿机制建设工作情况的报告》指出：“加大生态补偿资金投入力度，明确受益者和保护者的职责，积极开展多元补偿方式探索和试点工作，提升全社会生态补偿意识。”

这一时期我国以“谁开发谁保护、谁受益谁补偿”的原则来指导相关部门建立生态补偿机制。在这一时期，我国提出了限制开发区和禁止开发区，把增强生态产品生产能力作为首要任务，对禁限重点生态功能区主要支持其保护和修复生态环境；提出了建立自然保护区、重要生态功能区、矿产资源开发和流域水环境保护等重点领域生态补偿标准体系，但没有对其标准进行界定；提出了将水土保持生态效益补偿纳入国家建立的生态效益补偿制度，明确水土保持补偿费用于水土流失预防和治理，但问题是水土保持补偿费仅仅是对环境破坏的预防和治理；提出了设立国家生态补偿专项资金，推行资源型企业可持续发展准备金制度，但未对准备金的标准进行规定。中央财政森林生态效益补偿基金管理办法虽然提出了森林生态效益补偿标准，然而该标准并不完全符合生态补偿的定义。尽管这一时期的法规还存在种种问题，但不影响其在我国矿产资源开采、森林、草原、水土保持、国家重点生态功能区等重点领域形成生态补偿制度的基本框架。

3.1.3 完善阶段：建立健全生态保护补偿制度

党的十八大把生态文明建设纳入中国特色社会主义事业“五位一体”总体布局之中，建立生态保护补偿制度，通过生态补偿明确界定生态保护者与受益者的权利与义务，通过生态补偿实施空间保护战略、促进发达地区与欠发达地区、不同分层的社会群体共享改革发展成果，这对于推动生态文明建设、促进人与自然和谐发展具有划时代意义。

2012年党的十八大报告指出：“深化资源性产品价格和税费改革，建立反映市场供求和资源稀缺程度、体现生态价值和代际补偿的资源有偿使用制度和生态补偿制度；加强环境监管，健全生态环境保护责任追究制度和环境损害赔偿制度；要加大自然生态系统和环境保护力度。”2013年江苏省人民政府办公厅下发《江苏省生态补偿转移支付暂行办法》，省级财政建立生态补偿转移支付制度。这些是2013年江苏省政府十大重点工作任务中“大力推进生态文明建设”的重要内容之一。生态补偿机制突出“谁保护、谁受益”“谁贡献大、谁得益多”导向，对不同区域、不同级别、不同类型的生态红线区域，采取不同标准的补助，即一级管控区给予重点补助，对二级管控区给予适当补助。2014年，我国在《水土保持补偿费征收使用管理办法》中规范了水土保持补偿费征收使用管理并规定征收和免征水土保持补偿费的各种情形。同年我国修订了《中华人民共和国环境保护法》，建立、健全了生态保护补偿制度并加大了对生态保护地区的财政转移支付力度。2016年中共中央办公厅、国务院办公厅印发《关于全面推行河长制的意见》指出：“要落实最严格水资源管理制度，严守水资源开发利用控制、用水效率控制、水功能区限制纳污三条红线；积极推进建立生态保护补偿机制，加强水土流失预防监督和综合整治。”2016年第十二届全国人民代表大会常务委员会第二十一次会议修订的《中华人民共和国野生动物保护法》，主要内容包括：“因保护本法规定保护的野生动物，造成人员伤亡、农作物或者其他财产损失的，由当地人民政府给予补偿；有关地方人民政府采取预防、控制国家重点保护野生动物和其他致害严重的陆生野生动物造成危害的措施以及实行补偿所需经费，由中央财政按照国家有关规定予以补助。”2016年我国实施的《国务院办公厅关于健全生态保护补偿机制的意见》指出：“到2020年，实现森林、草原、湿地、荒漠、海洋、水流、耕地等重点领域和禁止开发区域、重点生态功能区等重要区域生态保护补偿全覆盖，补偿水平与经济社会发展状况相适应，跨地区、跨流域补偿试点示范取得明显进展，多元化补偿机制初步建立，基本建立符合我国国情的生态保护补偿制度体系，促进形成绿色生产方式和生活方式。”2017年中共中央办公厅、国务院办公厅实施的《建立国家公园体制总体方案》中，第十八条建立生态综合补偿制度指出：“加大重点生态功能区转移支付力度，健全国家公园生态保护补偿政策。鼓励受益地区与国家公园所在地区通过资金补偿等方式建立横向补偿关系。加强生态保护补偿效益评估，完善生态保护成效与资金分配挂钩的激励约束机制，加强对生态保护补偿资金使用的监督管理。2017年党的十九大报告指出：“完成生态保护红线、永久基本农田、城镇开发边界三条控制线划定工作；建立市场化、多元化生态保护补偿机制。”为鼓励各地区积极探索市场化、多元化生态保护补偿机制，2019 年国家发展改革委印发《生态综合补偿试点方案》，以促进生态保护补偿长效运行，进一步健全生态保护补偿机制，提高资金使用效益。2023 年第十四届全国人民代表大会常务委员会第六次会议第二次修订的《中华人民共和国海洋环境保护法》中第三十五条指出：“国家建立健全海洋生态保护补偿制度。”2018 年《国家林业和草原局关于进一步放活集体林经营权的意见》指出：“推行集体林地所有权、承包权、经营权的三权分置运行机制，落实所有权，稳定承包权，放活经营权，充分发挥‘三权’的功能和整体效用。”2018 年《发展改革委关于创新和完善促进绿色发展价格机制的意见》指出：“加快建立健全能够充分反映市场供求和资源稀缺程度、体现生态价值和环境损害成本的资源环境价格机制。”2018 年《财政部关于建立健全长江经济带生态补偿与保护长效机制的指导意见》指出：“通过统筹一般性转移支付和相关专项转移支付资金，建立激励引导机制；鼓励相关省（市）建立省内流域上下游之间、不同主体功能区之间的生态补偿机制，在有条件的地区推动开展省（市）际间流域上下游生态补偿试点；积极推动建立相邻省份及省内长江流域生态补偿与保护的长效机制。”

党的十八大以来，国家围绕建立、健全生态保护补偿制度，出台系列有关生态环境保护和生态补偿的政策法规，进一步调整生态补偿的原则和目标，完善生态补偿的对象、标准、主体和手段，探索如何改革生态补偿的体制机制，使得我国分项政策和综合政策组合的生态补偿政策体系逐步到位。在这期间，生态补偿的重点领域得到全覆盖，并且在原有重点领域的基础上，增加了海洋和野生动物等重点领域，深层次的生态补偿制度改革构想正在实施。生态补偿涉及复杂的利益关系，我们有必要进一步加大投入力度，推动生态补偿标准体系建立，完善生态补偿的资金来源、补偿渠道、补偿方式和保障体系，全面推进生态补偿在我国生态文明建设中的践行。

3.2 基于生态系统服务价值区划的生态补偿机理

3.2.1 生态系统服务价值

生态系统服务是指生态系统与生态过程所形成及所维持的人类赖以生存的自然环境条件与效用。它不仅给人类提供了生存所必需的食物、工农业生产的原料等，而且还是维持人类生存和发展的生命支持系统，具有丰富的市场价值和非市场价值。目前，生态系统服务经过多年发展已经成为生态学、经济学、地理学等多学科领域的研究热点，国内外学者采用不同方法从国家、区域、流域等不同空间尺度对多种生态系统类型的生态系统服务价值展开了评估。

从不同的空间尺度上看，生态系统服务评估的研究区域在全球、国家、区域、流域等不同空间尺度上均有涉及。如 1997 年，Costanza 对全球多种生态系统服务进行了详细评估，极大推动了生态系统服务价值的研究进展。Sutton 等（2002）对全球生态系统的市场价值和非市场价值进行了评估，并将研究结果与各国 GDP 的关系进行了定量分析。Pattanayak（2004）评价了印度尼西亚 Manggarai 流域生态系统在减轻旱灾方面的经济价值。Vitor Dias（2015）研究了加拿大萨斯喀彻温省湿地的生态系统服务价值，得出水质生态服务的价值为 4 290 万加元。我国学者欧阳志云等结合价值量法和物质量法评估了全国陆地、森林和草地等生态系统服务价值，并提出了我国生态系统服务价值评估的方法框架。谢高地等以我国草地、森林、农田等生态系统为研究对象，并对生态系统服务价值进行动态测评，评估了青藏高原、陕西、武汉等多个地区的生态系统服务价值，提出了适合中国国情的生态系统服务价值评价体系。对于推动生态保护和补偿机制的建立具有重要意义。将生态系统服务价值重新整合为九大类。

从不同的生态系统看，大多数学者将研究对象集中在森林、草地、农田、湖泊和湿地等生态系统。如 Seidl（2000）应用 Costanza 等人的分类体系详细评估了巴西潘塔纳尔湿地次生区域 Nhecolandia 的生态系统服务价值。Jayalath 等（2021）调查了美国墨西哥湾沿岸平原和欧扎克景观保护区土地所有者对保护草地生态系统服务的支付意愿，结果显示土地所有者愿意接受的平均补偿额度为每年每英亩 290.10 美元。谢高地等（2001）

人对我国不同草地类型的生态服务功能价值进行了评估，得到全国草地生态系统每年的服务价值为 1 497. 9 亿美元。赵同谦等（2004）将中国森林生态系统服务功能划分为 13 类，得出森林所提供的间接价值是直接价值的 4. 6 倍。苏浩等（2014）将当量因子法与能值生态足迹法相结合，计算了 2012 年河南省耕地生态系统服务价值，并构建了河南省的生态补偿标准。

从不同的研究方法看，生态系统服务价值评估是在劳动价值理论和效用价值理论的基础上，从货币价值量的角度对生态系统提供的服务价值展开定量评估，评估方法大体上可分为当量因子法和功能价值法两大类。当量因子法主要是根据各种生态系统服务的当量价值，结合生态系统覆盖面积对生态系统服务价值进行评估。2003 年，谢高地等在 Costanza 提出的生态系统服务评估框架的基础上，整合了 200 位专家问卷的结果后提出中国陆地生态系统单位面积的生态服务价值当量表，建立了生态系统服务价值评估的当量因子法。该方法以单位面积农田食物生产的经济价值作为参考，通过当量因子表计算其他生态系统类型的资产价值。功能价值法是基于生态系统服务功能量和功能量的单位价格得到生态系统服务价值的评估方法，根据是否在市场流通以及市场是否有替代品又可分为直接市场价值法、替代市场价值法和模拟市场价值法。薛达元等（1999）采用费用支出法、旅行费用法和条件价值法估算了长白山地区生物多样性的国内旅游价值和国外旅游价值。辛琨（2002）使用了市场价值法、影子工程法、条件价值法和旅行费用法等 7 种方法对辽河三角洲盘锦地区湿地生态系统服务功能价值进行了估算，研究得出该地区的湿地生态系统服务功能价值为 62. 13 亿元，是当地国民生产总值的 1. 2 倍。

3. 2. 2 基于生态系统服务价值的生态补偿

随着工业、社会、经济的快速发展和人口剧增，人类对自然环境的强烈干扰导致人工生态系统面积迅速增加，而自然生态系统面积急剧减少，全球生态系统格局发生巨大变化。再加上大量的环境污染物进入生态系统，极大地超出了其环境承载力，生态系统服务结构与功能受到严重的破坏。人类对生态系统的利用超过界限，导致生态平衡被破坏进而影响人类发展的事例层出不穷。例如位于克里特岛地区的弥诺斯文明，其持续时间为公元前 3000 年—公元前 1100 年，它是欧洲地区海盗商贸文明的先祖，也是传说中被大海啸吞没的亚特兰蒂斯的原型猜想之一。弥诺斯文明擅于海上军事和贸易的特征使得他们长期需要大量木材来建造船只，木材同时也是他们最为重要的经济交易产品类型。再加上农业和畜牧业的快速发展，各种需求的累加导致其长期、大量地进行森林砍伐。当森林资源耗尽时，克里特岛不但遭受了土地退化、水土流失和山洪暴发的严重打击，还从公元前1450年左右开始持续遭受了几个世纪强烈而频繁的厄尔尼诺现象，这导致弥诺斯人不得不搬迁或关闭各项生产设施。这种自然挑战很可能就是弥诺斯文明逐渐消亡的重要原因之一，而最后的海啸和迈锡尼人的入侵则给了已经岌岌可危的弥诺斯文明最后一击（昀文，2013）。又如约1 600年前的楼兰古国如今仅是一座被荒废在一望无际荒原之中的废墟古城，曾经它是丝绸之路上的重镇，在魏晋时期是中原王朝管理西域的最高行政与军事首脑西域长史的驻地，是中原王朝在西域的政治和军事中心。全盛时期的楼兰地势平坦、河湖密布，是植被茂密的绿洲。楼兰文明的消失，是森林的消亡和生态环境变化导致的区域性人类文明消失的又一具体例证（张星梅，2004）。

随着工业革命的到来，人类征服及改造自然的能力进一步加强，人类利用机械对生态系统所提供的服务的使用规模也越来越大，干预也变得简便了起来，人类通过机械采伐森林、开发湿地、采掘矿产等资源，实质性地改变了人类使用生态系统服务的格局。人类活动急剧增加，这对生态系统造成很大影响，资源分配、生态系统结构和功能都出现了严重问题，从而降低了生态系统的服务价值，影响到人类社会的可持续发展。生态系统提供的服务具有极大的直接或潜在价值，然而长期以来由于该价值并未完全地进入市场，这就容易使人们在经济活动决策过程中忽略生态系统的服务价值。生态系统服务价值评估方法是构建生态补偿机制的重要理论依据，是确立生态补偿标准的价值基础。生态补偿的目的是保护和可持续地利用生态系统服务。人类主要通过经济手段来调节相关者的利益关系。基于生态系统服务价值来确定生态补偿标准的核心内容，是采用环境经济学方法估算出生态系统服务价值，并利用估算出的价值进一步确定生态补偿标准。在具体的案例研究中，人们依据生态系统服务价值确立的补偿金额可以作为生态补偿标准的上限标准。

生态补偿的基本原则就是受益者付费，生态保护者获益，从而实现利益均衡。《国务院办公厅关于健全生态保护补偿机制的意见》指出：谁开发、谁保护，谁破坏、谁恢复，谁受益、谁补偿，谁污染、谁付费的原则。理论上，生态补偿的标准下限应为生态保护者因放弃开发利用损失的机会成本与新增的生态管理成本之和，标准上限为受益者因此获得的所有收益。实际在补偿实践中，由于人们对补偿区外的生态系统服务价值难以准确评估，而当地土地使用者的机会成本相对容易评估，因此在有限预算的约束下，补偿标准通常是设定在略高于土地使用机会成本的水平。例如，2011 年 8 月 22 日，国家发展改革委、财政部、农业部发布《关于完善退牧还草政策的意见》（以下简称《意见》），规定："从 2011 年起，不再安排饲料粮补助，在工程区内全面实施草原生态保护补助奖励机制。对实行禁牧封育的草原，中央财政按照每亩每年补助 6 元的测算标准对牧民给予禁牧补助"。该《意见》主要以退牧草地的单位面积净收益（以供给服务为依据）来衡量牧民损失的机会成本，并未参考受益者获得的收益，即生态系统服务价值中流向生态保护者的部分。在生态补偿政策制定过程中，补偿标准可通过受益者和生态保护者"讨价还价"而达成，生态保护者的谈判能力越高，所能获得的生态补偿标准越高。但由于政府实施的生态补偿项目中，生态保护者往往不具备相应的谈判能力，这种情况下建立的生态补偿标准往往违背了社会正义的原则。如果当地政府承担了一定的补偿任务，那么剩余的部分就需要区外的受益者进行补偿。因此，生态系统服务价值评估既能确定生态保护者损失的机会成本，又能量化受益者的收益，可为生态补偿标准和补偿对象的确定提供科学依据。

3.3　现有生态补偿面临的矛盾及问题

生态补偿机制的建设虽然取得了积极进展，但由于这项工作起步较晚，生态补偿利益关系错综复杂、覆盖面广，同时机制的建立和完善也受到诸多因素的影响，目前尚未形成稳定、长效的生态补偿体系。当前，我国的生态补偿制度体系建设仍存在不少矛盾和问题。

3.3.1　缺乏完备的法律规范体系和法律制度

从立法的角度来看，我国目前尚无有关生态补偿系统的法律规范，有关的政策也是零散分布，法律结构不完整，且大部分体现在地方政府规章之中，如果生态补偿的规定只能停留在政策层面上，那必将为日后生态补偿制度的落实与发展带来阻碍。在国家立法层面上，《中华人民共和国环境保护法》（以下简称《环境保护法》）作为我国环境保护的综合性法律，2014 年修订后的第 31 条增加了生态保护补偿的规定，“国家建立、健全生态保护补偿制度。”“国家加大对生态保护地区的财政转移支付力度。有关地方环境保护主管部门应当落实生态保护补偿资金，确保其用于生态保护补偿。”“国家指导收益地区和生态保护地区人民政府通过协商或者按照市场规则进行生态保护补偿。”《环境保护法》的修订体现了生态补偿制度得到重视，但是规定仍比较模糊，除《中华人民共和国森林法》中对生态增益性补偿做了原则性规定外，《环境保护法》中尚未提出具体法律保障措施，使实际操作难以进行。在地方立法层面上，为响应国家对生态补偿制度的重视，地方条例对生态保护补偿制度的规定进行了必要的补充。目前浙江省、广东省、苏州市等地已经制定有关生态补偿的条例，但地方立法发展并不平衡，使生态补偿的规定仍不够全面。从制度建设角度来说，目前我国生态补偿机制已经在运作，但从制度的完备程度上来说，现存的制度与运行的机制存在明显的矛盾与冲突，没有明确的法律指导，仍存在需要完善的地方。

3.3.2 生态补偿标准不明晰，且补偿相对较低

生态补偿是受益方向受损方提供利益的一种平衡，补偿的多少取决于受益方所受利益与受损方所受损的利益大小。在实际的操作过程中，直接的利益得失是比较好估算的，但是对因环境破坏而造成的发展机会受限的损失是难以预料的。在实践中，我国生态补偿标准不一，由于我国地区发展差异大，统一的生态补偿标准也并不适宜采用，但归根结底是权威算法评估方式的缺乏，造成了现行生态补偿制度缺乏科学的依据。当前，我国的生态补偿标准往往由政府根据经验以及财政支出能力来确定，缺乏对实际情况的考量。同时，为了节约讨价还价成本，政府常采用“一刀切”式补偿标准，从而导致一些地区出现补偿不公平现象。此外，补偿标准测度理论上需要对生态保护成本、生态系统服务价值量、支付意愿等进行深入的定量评估，但目前尚缺乏有效的量化方法、合理的技术体系和科学的论证手段，无法保障生态补偿工作的精准性。同时，现阶段我国大部分地区的生态补偿较低，例如目前自然保护地范围的生态补偿只有公益林补偿和天然商品林禁伐补偿两类。2020 年，国家级公益林（集体林）每亩补偿

16元，省级公益林（集体林）每亩补偿15元，国有林地上的公益林每亩补偿10元，天然商品林禁伐补偿每亩16元，补偿标准仍然偏低，与目前经济发展水平差距较大。生态补偿太低，也是造成生态补偿工作难以顺利实施的重要原因之一。

3.3.3 补偿主体有限，补偿范围窄

从补偿主体来看，我国补偿主体相对比较单一，主要由代表国家公权主体的政府担任补偿主体，以政府为主导的生态补偿更容易使环境受益者、破坏者以及被补偿者之间达成补偿协议。有学者认为，国家作为生态补偿法律上唯一的主体太过单一，起不到激活生态补偿制度的社会参与度的作用。再者过于倚重政府在生态补偿中的主体作用容易忽视对企业、公民等其他主体的研究，容易形成一个单一的生态补偿闭环，不利于构建一个面向社会的、开放的生态补偿机制。所以我国至少在法律层面应当承认企业、公民等生态补偿主体的法律地位，这也是对“综合治理，公众参与”原则的体现。从补偿范围来看，例如安徽省宣城市，2020年全市自然保护地内林地面积51 076公顷，其中纳入公益林补偿林地面积23 593公顷，纳入天然商品林禁伐补偿林地面积2 910公顷，未纳入森林生态效益补偿的林地面积24 573公顷，仅扬子鳄国家级自然保护区未纳入公益林管理的其他林地就有10 068.9公顷。自然保护地内林木不能采伐、苗木不能采挖，管理过程中群众抵触情绪较大。我国生态补偿运用于退耕还林还草、天然林保护、矿区植被恢复等方面，且我国只有《中华人民共和国森林法》中对生态补偿方面的法律规范相对较完整，其他领域内的生态补偿规定则相对较少。

3.3.4 生态补偿方式和资金来源渠道单一

生态补偿制度中划分的补偿方式大致可以分为五种：①货币补偿，即补偿金、奖励金、补贴等；②实物补偿，如给予受偿主体一定的物质产品、土地使用权以改善其生活条件等；③智力补偿，即给予受偿主体生产技术或经营管理方面的咨询服务等；④政策补偿，即优先享受优惠政策等；⑤项目补偿，即可获得特定生态工程或项目的建设权。尽管理论上补偿方式多种多样，但是在具体的实践中，生态补偿方式主要是财政资金补偿，资金主要来源于政府的财政转移支付，市场筹资渠道匮乏，生态补偿

缺少稳定、持久的资金来源，致使补偿效能不高。市场化、多元化生态补偿仍处于破题阶段。例如，政府对于六安市金寨县的生态补偿就主要以资金为主，忽略了政策、技术、项目等多元化补偿方式的应用，造成了整个生态补偿过程中，一次性的补偿较多，而长期稳定性补偿较少，这使得生态保护地区的居民除了接受资金的补偿之外，难以获得能够维持基本生活、长期且稳定的收入。

3.3.5 公众补偿意识淡薄及缺乏参与性

中国作为传统的农业大国，一直以来农民都是无偿从自然界索取自己所需要的物资，但是近代以来，随着环境破坏的加剧，人类所生活的社会环境深受自然环境被破坏的影响，国家为了全社会的可持续发展越来越重视环境的保护。但对于社会公众来说，这样的影响却不足以引起他们的重视，或者说受环境恶化影响最深的一部分人与受生态补偿影响的并非同一拨人，这是导致公众生态补偿意识淡薄的原因之一。政府在制定相关补偿措施的时候，没有重视公众力度，没有建立相关途径让群众参与进来，没有做好生态补偿宣传工作，这使得群众对于生态补偿很陌生，无法充分认识到生态补偿的重要意义。目前我国在补偿机制的设计和实施过程中缺少利益主体和民间组织的深度和充分参与，在实践中存在自上而下的执法模式，没有充分考虑各地的实际情况和民族习惯以及一些文化意识，忽视政策对象行为的影响因素和行为的模式特点。

公众生态环境保护意识淡薄、生态补偿理念不清晰是环境保护过程中亟须改进之处，生态补偿作为国家的政策一直都是由政府主导进行统筹协调，其间缺乏公众的参与，公众的参与度不高必然会降低群众对政策的认同感和接受度，从而直接影响生态补偿实际效果的发挥。

4 生态系统服务价值区划及生态补偿的国内外案例分析

人们根据区域的生态系统服务价值以及价值增量的异同，兼顾区域分布特点、经济和社会发展等因素，将一个区域内所分布的生态服务价值增量进行区划的过程即为生态系统服务价值区划。在价值分区的基础上，人们进一步根据情景分析讨论不同区域生态系统服务价值的权衡关系，以便于对不同区域进行生态补偿。

生态系统服务价值区划是按照区域生态学的原理，根据不同地区生态系统服务及其价值的差异，从空间上将区域划分为不同的价值分区的过程。生态系统服务价值区划是在生态系统服务功能定义下提出的，目的在于维护区域生态安全格局、合理利用资源，实现区域产业合理布局，同时也为达到区域内物质、信息、能源的良性循环提供有力的保障。

在国际上，"生态补偿"的概念为支付生态系统服务（payment for ecosystem services，PES）。在科斯理论下，生态补偿是一种自愿性交易，即生态系统服务的需求者向生态系统服务提供者购买产权清晰的生态系统服务。在庇古理论下，生态补偿强调政府通过经济刺激将环境的外部性内部化。国内学者将生态补偿定义为，以保护生态安全和可持续利用生态系统服务为目的，用经济手段调节利益相关者关系的制度安排。生态补偿机制是以保护生态环境、促进人与自然和谐发展为目的，通过政府与市场，平衡生态保护利益相关者之间的利益关系的制度。党的十八大把生态文明建设放在突出地位，并明确提出了全面建设社会主义生态文明的重要任务。党的十九大明确提出建立市场化、多元化的生态补偿机制，多元化生态补偿机制不仅起到维护生态安全的重要作用，还较大程度平衡不同主体间的利益，使社会效益和经济效益实现最大化。党的二十大报告提出，"建立生态产品价值实现机制，完善生态保护补偿制度"。2014 年 4 月 6 日，国务院印发《生态保护补偿条例》，要求推进生态综合补偿，健全横向生态保护补偿机制，统筹推进生态环境损害赔偿，明确规定了生态保护补偿的方式、保障和监督管理，推动我国生态保护补偿工作系统科学、有效落实，提升社会生态保护能力，维护国家生态安全。

我国的生态补偿处于探索阶段，顶层设计层面还未统一，不同地域的生态补偿模式不同、类型不同，而国外在生态补偿方面积累了许多成功的做法和经验，这些典型案例值得我国学习借鉴。

4.1 国内案例分析

4.1.1 新安江流域生态保护补偿

新安江流域生态保护补偿自2011年启动实施，成为我国首个跨省流域生态保护补偿试点。截至2021年年底，新安江流域生态保护补偿试点已经实施了三轮，共安排补偿资金52.1亿元，其中，中央出资20.5亿元，浙江省出资15亿元，安徽省出资16.6亿元。

4.1.1.1 实施过程

浙江省和安徽省基于“成本共担、利益共享”的共识，以省界断面监测水质为依据，通过协议方式明确流域上下游省份各自职责和义务。首先，注重运用市场化手段，采用债权、股权投资等方式，重点支持生态治理、环境保护、绿色产业发展、文化旅游开发等领域，促进了产业转型和绿色发展。其次，通过资金补偿、对口协作、人才培训等方式建立多元化补偿关系。最后，全面对接长三角消费升级大市场，培育特色农业产业基地。

4.1.1.2 可持续性问题

通过试点，新安江流域水质逐年改善，千岛湖营养状态指数呈下降趋势。新安江流域生态保护补偿项目渐出成效，生态、经济、社会效益日渐显现。生态补偿政策实施以来，新安江流域生态水环境质量持续提高，同时流域生态经济保持较快发展，实现了保护与发展的良性互动，探索出了一条生态保护、互利共赢之路。

4.1.2 东江流域生态保护补偿

作为珠海水系三大干流之一的东江，发源于江西省赣州市，流域内建有两座大型水库，是为香港特别行政区提供饮用水的水源地。

4.1.2.1 实施过程

2016年江西省与广东省签订《东江流域上下游横向生态补偿协议》，从而建立起跨省的流域横向生态保护补偿机制。首先，下游地区政府通过项目支持和资金拨付等方式以财政转移支付作为补偿的主要手段，对上游地区进行一定的补偿。其次，在补偿过程中，两省还积极引用市场化手段，严格检测流域水质因子，还对企业排污能力、排污标准制定了严格的要求。最后，为响应号召、维护生态安全，各企业在内部积极设置补偿资金，用以解决企业生产带来的生态环境问题，从而实现专款专用。

4.1.2.2 可持续性

东江流域生态补偿模式学习了新安江模式，与此同时还有一定的创新。该模式将政府专项财政转移支付方式与市场化手段相结合，从政府帮扶角度，保证了流域生态补偿的实施；从市场化角度，激励各企业进行生产调整、技术更新，从而保证流域生态环境良好。

4.1.3 闽江流域生态保护补偿

闽江流域主要经过福建省的三明市、南平市和福州市3个地市，发源于福建省三明市建宁县，属于山区性河流，闽江下游流经福州市。

4.1.3.1 实施过程

2017年，福建省印发了《福建省重点流域生态保护补偿办法》（修订版），明确采取“省里支持一块、市县集中一块”的办法，加大流域生态保护补偿资金的筹措力度，建立起全省范围内的生态保护补偿机制。

这项方案首先明确了生态保护补偿资金多元化，资金来源的方式主要是以省级政府转移支付资金为主，同时兼顾加大社会资金统筹的力度。其次，明确生态保护补偿资金实现流域差异化，对重点流域的生态环境要加强补偿措施，依据闽江流域水质量情况确定补偿资金数额，从而更好地调动各个市、县层面保护流域生态的积极性。最后，制定了相应的流域内环境治理资金监管保障制度、监督管理机制、流域信息联动共享机制等。

4.1.3.2 可持续性

闽江流域生态保护补偿措施提出的生态保护补偿资金多元化、差异化，在激励市县各层面的保护积极性的同时，提高了生态保护效率。同时，配套的环境治理资金保障制度、监督管理机制、信息联动共享机制使闽江流域生态保护补偿高效可持续运转。

4.2 国外案例分析

4.2.1 美国土地休耕保护计划

美国的土地休耕保护计划（conservation reserve program，CRP）是迫于生态环境恶化和农产品过剩双重压力下提出的耕地休耕计划。美国耕地生态补偿主要涉及土壤易受侵蚀或具有其他生态敏感性的农业用地，补偿对象为自愿限产、休耕的农场主，因此 CRP 的生态补偿标准主要由土地租金和成本分担这两部分组成。土地租金取决于各地地租水平和土地产量，成本分担由政府补偿给农民且不超过实施保护措施的成本。CRP 以农民资源参与为原则，限制主要农产品的播种面积，限定停耕面积的比例，并由政府补贴，对愿意休耕的农场主给予一定的补偿，扶持农作物生产者实施退耕还林、还草等长期性植被保护措施，从而改善水质、控制土壤腐蚀速度。

4.2.1.1 实施效果

CRP 成立之初是为了应对市场农产品过剩和生态环境恶化，后来逐步上升到国家自然资源保护的战略层面。CRP 之所以能够对生态进行补偿，主要体现在 CRP 实施过程中带来的效益。CRP 的效益主要体现在环境效益和休闲娱乐效益。在环境效益方面，退耕休耕能够有效缓解美国近五十年来大力发展农业占用森林、湿地等造成的水资源污染，减缓土壤的腐蚀化。此外，环保退耕有效保护了野生动物的栖息环境，环保休耕在减少水土流失以及污染物质排放方面也发挥了重要作用。据 FAS 估计，CRP 使项目实施区域内野生动物的数量明显增加。在休闲娱乐效益方面，CRP 为人们提供了登山、钓鱼等休闲娱乐的场所，并对 CRP 以外的区域产生了外溢效应。据有关数据表明，实施 CRP 的每公顷土地能够产生近 15 美元的休闲价值。CRP 的实施减少了水土流失，改善了生态环境，并且使农民收入多元化，繁荣了当地的经济，达到了预期目标。

4.2.1.2 问题与可持续性

我们通过对美国农业生态补偿的案例进行分析研究可以看出，CRP 的实施虽然在稳定农产品价格的同时达到了保护环境的功效，但是在发挥重要作用的同时也存在一定的局限性。具体表现在：

首先，自愿加入 CRP 的方式和市场化的补偿方法易受到农产品市场价格和农业政策的影响，容易引起农业生产规模大幅度波动，对美国农业、农民造成很大的影响，并使因 CRP 好转的生态环境再次受到污染的威胁。在 CRP 项目中，美国农业部通过作物保险、农业信贷等农业扶持政策向农民支付了大量资金，严重限制了生态补偿项目对农业生产者的吸引力。

其次，受技术水平的限制，CRP 项目实施对农产品市场价格影响的不确定性以及生态保护项目的不可测性，虽然已经量化了某些补偿项目的环境效益，但缺乏准确性，难以对项目实施的整体效果进行准确评价。

最后，受经济体制和社会发展状况的影响，美国农民的土地规模存在较大差异，这必然导致补偿资金大规模地向农场主聚集，进一步加剧农民之间的经济发展不平衡，扩大收入差距，从而引发社会分配不公等问题。

4.2.2 英国北约克摩尔斯农业计划

英国北约克摩尔斯农业计划（North York moors farm scheme）是欧洲生态保护补偿政策的成功经验之一，该计划的直接目标是保护珍稀动植物或物种多样性。为了长久保护北约克摩尔斯公园的农业风光与生态，1985 年英国通过了北约克摩尔斯农业计划，并于 1990 年开始实施。从计划实施的情况看，该计划一共达成了 108 份协议，将 90%的私有农场主纳入其中，成功地保留了英国传统农业的独特景观，保护了北约克摩尔斯公园的生物多样性。

4.2.2.1 前提条件

首先，由于北约克摩尔斯公园内 83%的土地属于私有，因此在公园内进行生态补偿的对象是私有土地主，英国政府向私有土地主购买生态服务，此处生态服务的定义比较独特，即增强自然景观和野生动植物价值，其中包括保留英国北部传统的农业耕作方式。其次，协议条款具体明确，比如规定农场主必须花至少 50%的时间在农场工作、必须采用传统的农业耕作方式等。最后，农场主和国家公园主管机关按照自愿参与原则达成协议。

4.2.2.2 问题与可持续性

该计划具有高参与率和低直接成本的优点，首先，该计划转移了一部分扩大生产的压力，鼓励创新型低密度种植，从而保护生态环境，刺激地方就业。与此同时，独特的协议条款使农场主在遵循条款的前提下更自由地支配自己的时间，保持了个体农场主管理其农场事务的灵活性。其次，该计划的实施也产生了很高的社会价值，在保护生态环境的同时，鼓励使用传统的土地利用方式、耕种方式和农作方式，有利于保护珍稀动植物和保护物种多样性。

该计划实施在扩大生物多样性的同时，也存在一定的局限性：首先，信任机制易瓦解，政府在向农场主购买生态服务时农场主必须使用传统农耕方式进行生产，从而必须放弃技术进步所带来的产出效益，一旦政府给予的补偿低于技术进步带来的产出效益，信任机制便会瓦解，因此存在着逆向选择问题和等价生态服务测度问题。其次，自愿参与的原则导致政府难以对个体农场主是否按照协议条款耕种的行为进行监督，比如由于个体农场主管理其农场事务的灵活性增加，政府难以对农场主的耕种行为进行实施监督，因此农场主有欺骗政府使用新型耕种技术的同时获得政府补偿的动机。

4.2.3 德国易北河流域生态补偿实践

德国易北河贯穿两个国家，上游在捷克，中下游在德国。20 世纪 80 年代，由于两国的发展阶段不一，两国对生态环境保护的重视程度不同，捷克部分易北河污染严重，从而也对德国造成严重影响。

4.2.3.1 实施过程

从 1990 年起，德国和捷克达成协议，共同采取措施整治易北河，目的是保持流域生态多样性，减少流域两岸污染物的排放，改善流域的水质。协议中整治易北河的运作机制主要是成立由 8 个小组组成的双边合作组织，包括行动计划组、监测小组、研究小组、沿海保护小组、灾害组、水文小组、公众小组和法律政策小组，分别负责相关工作。在经费方面，德国从财政贷款、研究津贴、企业和居民的排污费等方面筹集资金和经费，并统一将筹集的经费交给双方交界处的污水处理厂，污水厂又按一定的比例将一部分资金上交给国家环保部门，同时对捷克进行研究经费以及运作经费上的适度补偿，从而实现下游对上游的补偿。在德国与捷克双方的共同努力下，易北河水质得到大大改善，在三文鱼绝迹多年的易北河中投放鱼苗并取得了可喜的成绩。

4.2.3.2 可持续性问题

在该案例中，其补偿机制最大的特征是补偿资金充足、补偿核算公平。资金支出主要是横向转移支付，“横向转移支付”主要在同一层级不同收入水平的地区之间发生，通过一系列复杂的计算方法以及确定的转移支付数额标准，由富裕地区向贫穷地区转移支付，因此横向转移支付可以平衡地区之间的既得利益格局，实现地区之间公共服务水平的平衡。

4.2.4 美国某水禽协会承包沼泽地计划

该水禽协会是一个私人性质的非营利性组织，主要致力于保护北美野鸭。1991 年，该协会开始了一项创新计划——让动物爱好者和环境保护人士承包沼泽地。

4.2.4.1 实施过程及结果

该水禽协会承包沼泽地计划是由该协会与农场主约定，采用付租金的方式让动物爱好者和环境保护人士承包这些私有土地上的沼泽地，从而保护沼泽地周围的巢穴，使北美野鸭繁殖增长。按照规定，承包人按每年每公顷约 17 美元价格付给农场主沼泽地保护费以及 74 美元的野鸭栖息地修复费。合同规定按野鸭的产量付钱，这样就给了农场主保护沼泽地，特别是野鸭巢穴的动力。

4.2.4.2 问题与可持续性

该水禽协会虽然是一个私人性质的组织，但是它实际上担任着一个公共利益代表人的角色，承担了部分政府应当承担的责任，因此协会向农场主付租金的方式并不是严格意义上的转移支付，而该水禽协会并不是保护沼泽地的直接利益相关者。故这种形式下的生态补偿是不可持续的，会因协会的资金链断裂而终止。

4.2.5 法国某矿泉水公司为保持水质付费的实践

法国某矿泉水公司是法国最大的天然矿物质水制造商。20 世纪 80 年代，该公司的水源地受到当地养牛业的污染。该矿泉水公司为保持水源地水的质量与清洁，对在水源周围采用环保耕作方式的农民给予补偿。

4.2.5.1 实施过程

为节约成本保护水源，恢复水的天然净化功能，该公司与当地农民进行磋商并协议减少水土流失和杀虫剂的使用，农民必须控制奶牛场的规模，减少杀虫剂的使用，放弃谷物的种植以及改进对牲畜粪便的处理方法等，以保证水源地水的质量，该公司向流域腹地奶牛场提供补偿。因此，该矿泉水公司向农民支付巨大数额和超长时间的补偿，同时提供技术支持和承担购进新的农业设备的相关费用，仅在最初的 7 年，该公司就为这项计划投入了 2 450 万美元的费用。这项协议纯粹属于私人协议，政府仅仅支付总体费用的一小部分。私人部门与公共部门之间并未建立正式的合作关系。

4.2.5.2 可持续性

在补偿实施过程中，该公司在合约期间还为农场发展提供了技术支持，并承担了农业设备费用，但设备所有权属于公司，农场仅仅享有使用权。由此可见，水权交易下的流域生态补偿形式不限于货币补偿，还有技术补偿。该补偿实践既促进了公司发展又改善了当地生态环境，充分显示了在恰当处理各方主体关系的前提下发展经济和保护生态环境并不冲突。

4.2.6 澳大利亚灌溉者为流域上游造林付费

澳大利亚为了应对新北威尔士地区土地盐渍化的问题，引入了“下游灌溉者为流域上游造林付费”的生态补偿计划。

4.2.6.1 实施过程

这项计划的参与双方，一方为生态服务的提供方——新南威尔士的林业部门，主要职责是植树造林，固定土壤中的盐分；另一方为生态服务的需求方——马奎瑞河食品和纤维协会，由马奎瑞河下游水域的 600 名灌溉农民组成。双方签订协议，由马奎瑞河食品和纤维协会向新南威尔士林业部门支付费用以用于其上游植树造林。

4.2.6.2 评价

通常来说，下游灌溉者对上游林业造成的影响会因为难以进行定量补偿而不了了之，然而在该案例中可以通过一定方法将看不见、摸不着的生态服务的数量和价值进行测量，下游灌溉者以提供植树造林经费的方式激励或要求上游林业部门“广造林，多造林”，以保证下游灌溉土地盐渍化程度降低。这就使生态服务交易向前大大跨进了一步。

4.2.7 哥斯达黎加森林生态效益补偿

为了保护生态环境，哥斯达黎加从 1979 年起开始实施森林生态效益补偿制度，该制度中最有借鉴意义的是设立国家森林基金，该基金根据《森林法》（1996年）成立，专门负责管理和实施森林生态效益补偿制度，这个生态补偿项目主要是针对全国范围内的森林生态系统（PSA）。这项生态补偿制度实施后，在短短十几年时间里，哥斯达黎加的森林覆盖率就提高了26%。

4.2.7.1 前提条件

哥斯达黎加森林生态效益补偿的关键是资金来源问题。资料显示，PSA项目的大部分资金来源于国家化石燃料销售税，该项目还得到世界银行、全球环境基金以及德国KFW的持续性资助，而且除此之外，PSA项目的资金来源还有以下两大类：第一，生物多样性基金收入，这部分收入的大部分主要由全球环境基金向森林生态系统购买生物多样性服务提供，小部分来源于生物多样性保护区的付费和加强机构建设的费用。第二，水资源费用收入，这部分收入产生于国家对水资源使用者颁发生态服务许可证（CSA），并规定了向水资源使用者收费的具体标准，因此PSA项目向其他水资源使用者出售一定数量的生态服务许可证而获得一定量的收入。

4.2.7.2 实施过程

首先，土地所有者必须委托专业的森林保护员制定一份可持续性的森林管理计划。其次，在补偿标准方面，PSA项目补偿标准不断上升，尽管补偿总金额的预算不断提高，但是森林保护合同的执行成本也越来越高。最后，在合同执行的监测与评估方面，为维护合同的执行条款，需要建立复杂且庞大的数据库，定期举行会议获取最新的监测数据，通过数据分析对比，确保参与者严格按照合同执行，否则参与者会失去生态服务补偿金。

4.2.7.3 问题与可持续性

首先，由于没有对机会成本进行弥补，PSA项目吸引的只可能是拥有贫瘠土地的参与者，因此这对森林生态系统的维护有限。其次，由于技术水平的限制，其难以对森林生态服务价值和质量进行准确评估，因此会导致补偿金额与所提供的生态服务价值之间不匹配，从而造成项目的低效率。最后，因为水资源使用费的规模上升速度较快，所以所缴纳的水费上涨。与此同时，碳排放许可证交易增加，一些基金也愿意继续为生物多样性生态功能付费，因此PSA项目的可持续性较好。

5 苏锡常地区土地利用时空格局及演变特征

5.1 数据与方法

5.1.1 数据来源

由于 Landsat TM 影像具有适合中等尺度研究的空间分辨率（30m×30m），用其做地面调查完全能满足 1∶90 000 的要求，且数据比较易于获取（数据来源为国际科学数据平台的中国科学院遥感卫星地面站美国陆地卫星 5 号 Landsat-5 TM 数据），本书选取 Landsat-5 TM 遥感卫星数字影像作为空间分析的基础信息源。Landsat-5 TM 影像具有波段较多，波谱信息丰富等优点，利于土地利用类型的遥感解译。自 20 世纪 90 年代起，苏锡常地区抓住对外开放的机遇，大力发展市场经济、外向型经济等，推动了城市化与工业化进程（黄明华，2003）。因此，本书选取成像较好，无云层遮挡的四期 Landsat-5 TM 遥感影像作为研究数据，分别为 1995 年 8 月 3 日、2000 年 8 月 22 日、2005 年 7 月 5 日和 2010 年 5 月 24 日，以反映苏锡常地区土地利用的时空格局及演变特征。

5.1.2 研究方法

5.1.2.1 土地利用空间识别

在土地覆被信息获取方面，本书采用了 3S（GPS、RS、ArcGIS）集成技术。我们获取以上四个时段的遥感图像，并结合实地勘查验证及相关资料查证等，根据土地利用分类体系和苏锡常地区的实际土地利用现状，建立景观分类体系，对苏锡常地区土地利用/覆被进行分类等处理得到研究区域的土地利用类型数据。在对影像进行分类时，我们使用遥感处理软件Erdas Imagine 9.2 软件对影像进行前期处理，主要包括大气校正、几何校正、影像拼接与边界裁剪等。我们根据各年份遥感数据的光谱特征，设计土地利用识别专家分类树，采用多步骤专家分类对遥感影像进行解译。

土地利用分类采用中科院资源环境信息数据库的土地利用/覆被六大类分类法，并结合苏锡常地区的地面特征和影像分辨率，把研究区域的土地利用类型分为六大类，包括农业用地、林地、湿地、草地、建设用地、未利用地，具体见表 5-1。

表 5-1　苏锡常地区土地利用分类系统

编号	地类名称	特征
1	农业用地	主要指有植被覆盖的耕地、水田和有少量植被覆盖的旱地
2	林地	包括有林地、灌木林、其他林地和园地
3	湿地	包括河流湿地、湖泊湿地、水库湿地、河流滩地等
4	草地	指以生长草本植物为主，覆盖度在 5%以上的各类草地，包括以牧为主的灌丛草地和郁闭度在 10%以下的疏林草地
5	建设用地	指大、中、小城市及县镇以上建成区用地、农村居民点、交通道路、机场及特殊用地以及厂矿、大型工业区、采石场等
6	未利用地	包括裸土地、盐碱地、沙地、裸岩石砾等

本书中的四期遥感影像的总体精度均在 85%以上，说明本书的分类结果较为理想，符合本书所需要求。另外，我们还把 2005 年遥感影像的解译面积数据与 2005 年苏州市、无锡市和常州市的水域面积数据进行了比较，结果比较接近（见表 5-2），存在误差的原因是分类系统存在差异。

表 5-2　2005 年解译数据与统计数据比较

土地类型	遥感解译面积/ha	统计面积/ha	统计数据来源
水域	470 765	467 000	《无锡市土地利用总体规划（2006—2020）》《苏州市土地利用总体规划（2006—2020）》和《常州市土地利用总体规划（2006—2020）》

注：遥感解译的水域面积是指湿地（包括河流湿地、湖泊湿地、水库湿地和河流滩地）。

5.1.2.2　土地利用变化度量

在识别得到四期土地利用分类图的基础上，本书根据 ArcGIS10.0 分析平台，利用空间叠加（Spatial overlay）分析方法以及县（市、区）行政边界，统计各行政边界范围内的土地利用变化、湿地时空变化特征、城市扩张强度等。

（1）土地利用变化率

土地利用类型变化率分析是传统的数量分析方法，它能直观地反映土地类型变化的幅度和速度，易于通过类型间的比较反映变化的差异，探测变化的驱动因素或约束因素。变化率的公式如式 5-1 所示（赵哲远 等，2009）：

$$K_{i,\ t\sim t+n} = \frac{U_{i,\ t+n} - U_{i,\ t}}{U_{i,\ t}} \times 100\% \tag{5-1}$$

式中，$K_{i,\ t\sim t+n}$ 为 $t\sim t+n$ 研究时段内区域某 i 类用地的变化率；$U_{i,\ t}$ 和 $U_{i,\ t+n}$ 分别为研究初期 t 年与研究末期 $t+n$ 年第 i 类用地的面积（ha）。

（2）城市扩展强度指数

城镇用地扩展度量指标主要包括城镇扩张面积、扩展强调指数、分维度、城镇重心坐标等（刘登娥和陈爽，2012）。其中，城市扩展强度具有明显的空间差异，且与湿地退化密切相关（Li et al.，2014；Zhang et al.，2015）。本书采用城市扩展强度指数表征城市建设用地面积增长的强度，其公式如式 5-2 所示：

$$\mathrm{UII}_{a,\ t\sim t+n} = \frac{\mathrm{ULA}_{a,\ t+n} - \mathrm{ULA}_{a,\ t}}{n\,\mathrm{TLA}_{a}} \times 100\% \tag{5-2}$$

式中，$\mathrm{UII}_{a,\ t\sim t+n}$、$\mathrm{ULA}_{a,\ t+n}$、$\mathrm{ULA}_{a,\ t}$ 分别为空间单元 a 在 $t\sim t+n$ 时段内的城市扩展强度指数以及 $t+n$ 年和 t 年时刻的城市建设用地面积（ha）；TLA_{a} 为空间单元 a［以县（市、区）为单元］的总面积（ha）。

（3）湿地转入指数和转出指数

转移矩阵模型能用于反映区域土地利用变化的结构特征及各用地类型变化方向，该方法来源于系统分析中对系统状态与形态转移的定量描述（彭欢 等，2014）。本书依据马尔科夫矩阵模型构建湿地转入指数（CR）与转出指数（RR）。马尔科夫矩阵通常是以不同土地利用类型的转移可能性（Transition Probabilities）为基础的（Chen et al.，2010），其基本形式如式 5-3所示：

$$A = \begin{bmatrix} S_{11} & \cdots & S_{1n} \\ \vdots & \ddots & \vdots \\ S_{n1} & \cdots & S_{nn} \end{bmatrix} \tag{5-3}$$

式中，S 为面积，n 为土地利用类型。

湿地转入指数是指其他土地利用类型向湿地转入的面积占湿地转入总面积的比例，该指标可用于比较不同土地利用类型在土地利用动态变化的转入过程中面积增量分配的差异，表征了第 i 类用地对于湿地变化的贡献程度，单位为%，其计算方法如式 5-4 所示：

$$\mathrm{CR}_i = \frac{P_{ij}}{A_j} \tag{5-4}$$

式中，P_{ij}表示从 t 到 $t+n$ 时刻，用地类型 i 转变为 j 的面积（ha）；A_j 为第 j 类用地发生转移的面积（ha）。

湿地转出指数是指湿地向其他土地利用类型转移的面积占土地利用类型转移总面积的比例，该参数可用于比较不同土地利用类型在土地利用动态变化转出过程中面积减量分配的差异，表征了湿地变化对地 j 类用地的转出程度，单位为%。计算公式如 5-5 所示：

$$\mathrm{RR}_i = \frac{P_{ji}}{A_j} \tag{5-5}$$

式中，P_{ji}表示从 t 到 $t+n$ 时刻，用地类型 j 转变为 i 的面积（ha）。

（4）景观面积比例

景观面积比例指数（PLAND）主要用来表示 i 类的土地类型斑块面积占空间单元面积的比例，公式如 5-6 所示：

$$\mathrm{PLAND} = \frac{\sum_{j=1}^{n} a_{ij}}{\mathrm{TLA}_a} \tag{5-6}$$

式中，a_{ij} 为第 i 类用地的第 j 个斑块的面积（ha）；TLA_a 为空间单元 a 的总面积（ha）。

（5）斑块个数

斑块个数是指景观内空间单元内第 i 类的土地类型的斑块数：

$$\mathrm{NP}_i = N \tag{5-7}$$

式 5-7 中，N 表示景观内斑块个数，取值范围为 $\mathrm{NP}_i \geqslant 1$。

（6）斑块破碎度指数

斑块破碎度指数公式如 5-8 所示：

$$\mathrm{PD} = \frac{\mathrm{NP}_i}{\mathrm{TLA}_a} \tag{5-8}$$

式中，PD 为斑块破碎度（个/ha）；NP_i为空间单元内第 i 类的土地类型的斑块数。

（7）最大斑块指数

最大斑块指数（LPI）反映了某类用地面积最大的斑块所占景观总面积的比例，研究采用最大斑块指数对研究区域内的用地类型优势度进行表征，单位为%，计算方法如式 5-9 所示：

$$LPI = \frac{{}_{j=1}^{n}\max\ (a_{ij})}{TLA_a} \tag{5-9}$$

式中，a_{ij} 为第 i 类用地的第 j 个斑块的面积（ha）；n 为土地利用类型数量。

5.2 土地利用时空格局及演变特征分析

5.2.1 土地利用变化率

苏锡常地区在 1995—2010 年土地利用时空变化信息如表 5-3、图 5-1 和图 5-2 所示。总体而言，研究区域从 1995 年到 2010 年的 15 年间经历了湿地、建设用地和未利用地面积增加、农业用地和草地面积降低、林地变化不大的过程。

苏锡常地区的六种土地利用类型中，农业用地和湿地是区域内面积比例最高的用地类型，超过总面积的 60%，而草地和未利用地最少，不到总面积的 1%。尽管未利用土地所占区域总面积的比例不超过 0.3%，但在 15 年间其变化率是最高的，增长了 485.68%；其次是建设用地，增长了 119.51%。1995—2010 年，湿地面积经历了先升后降的过程，总体呈上升的趋势，2010 年湿地面积为 466 433.78 ha，比 1995 年增加了 7.53%，主要集中在苏州市。2005—2010 年湿地面积略有下降的现象与同期降水较少、径流量降低、全球气候变暖有一定关系。1995 年建设用地比例为 11.38%，2010 年其面积比例增加至 24.98%，面积变化率为正，即面积增加了 119.51%，且主要集中在太湖的东面和北面。相反，农业用地面积比例由 1995 年的 57.98%下降至 2010 年的 42.58%，面积变化率为负，面积减少了 26.57%，呈加速减少的态势。1995—2010 年，林地的面积比例总体变化幅度不大，面积只减少了 4.39%。

表 5-3　1995—2010 年苏锡常地区土地利用变化

土地利用类型	面积/ha				1995—2010 变化率/%
	1995 年	2000 年	2005 年	2010 年	
农业用地	1 008 248. 38	972 129. 90	881 526. 07	740 343. 25	-26. 57
林地	94 423. 99	91 580. 68	92 599. 73	90 276. 25	-4. 39
湿地	433 769. 84	438 184. 75	470 765. 05	466 433. 78	7. 53
草地	4 025. 52	4 173. 32	3 735. 76	3 307. 59	-17. 83
建设用地	197 841. 95	231 891. 47	289 336. 01	434 291. 67	119. 51
未利用地	689. 02	732. 88	727. 67	4 035. 46	485. 68
总计	1 738 998. 70	1 738 693. 01	1 738 690. 31	1 738 688. 00	

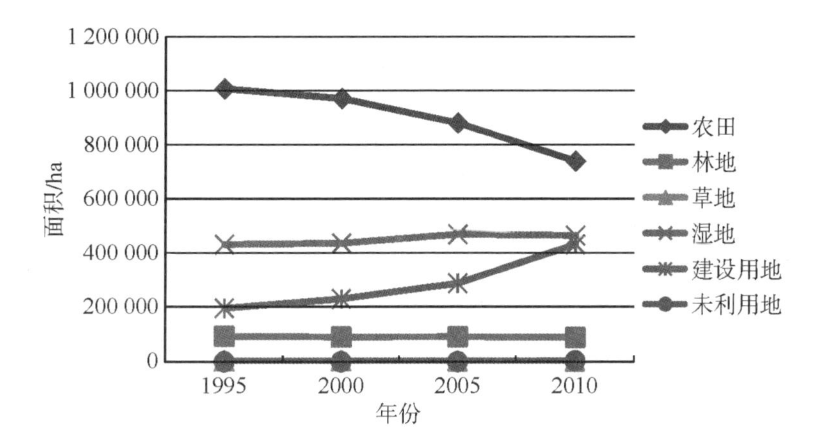

图 5-1　1995—2010 年苏锡常地区土地面积变化

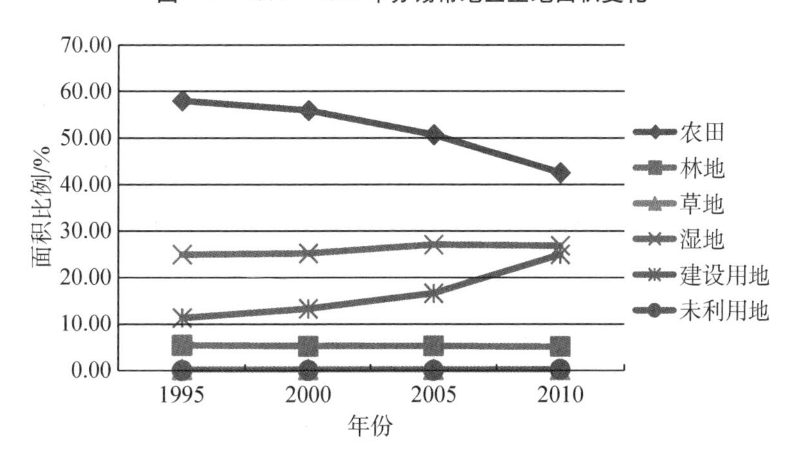

图 5-2　1995—2010 年苏锡常地区土地面积比例变化

5.2.2 城市扩展强度

1995—2010 年苏锡常地区城市扩张面积见表 5-4。1995 年建设用地面积为 197 841.95 ha，之后的 15 年期间建设用地的扩张面积呈现持续上升的趋势，其中，2005—2010 年建设用地的扩张面积最多，达到 144 955.66 ha，且主要集中在太湖的东面和北面。1995—2000 年，研究区域城市扩张程度较低，大部分区域 UII<1.00，苏州高新区为城市扩张最严重的区域，UII>2.0。2000—2005 年，城市扩张区域明显增加，主要向太湖东部和北部扩张，强度最高的区域为无锡新区（UII>3.0）。自 2005 年起，城市扩张区域持续增加且强度增大，在已有建设用地的基础上扩散式地、连片地出现了高强度的建设用地扩张现象（UII>2.0）。常州的戚墅堰区扩张强度增加了 5 倍，达到 UII>5.0；扩张强度最高的区域为苏州工业园区，强度达到 UII>6.0。无锡、苏州和常州表现为对中心城区的扩展，集中在常州市的钟楼区、天宁区和戚墅堰区；无锡市的北塘区、崇安区和南长区、苏州市的沧浪区、苏州高新区和金阊区。1995—2010 年，宜兴市、金坛市和溧阳市的城市扩张强度较低且变化不大（UII<1.00）。

表 5-4　1995—2010 年间苏锡常地区城市扩张情况

时间	扩张的建设用地面积/ha
1995 年（原始值）	197 841.95
1995—2000 年	34 049.52
2000—2005 年	57 444.55
2005—2010 年	144 955.66

5.2.3 湿地转移变化分析

本书运用空间叠加分析统计得到各个研究时间段湿地转移面积矩阵（见表 5-5、表 5-6、表 5-7）。农业用地数量的变化表明研究区农业用地转换变化频繁，农业用地面积减少较快。1995—2010 年，建设用地大部分转换为农业用地，只有少部分建设用地转化为湿地，且 2000 年之后建设用地转换为湿地的面积逐渐减少，反映了 1995—2010 年，与湿地保护相比，研究区域更加注重农业生产。我们结合表 5-3 和表 5-4 可以看出，2005—2010 年，建设用地面积增加明显，主要来源于农业用地和草地的转换。这一时期湿地面积有所下降，主要原因是有很大一部分湿地转变成了建设用地和未利用土地；湿地转变成未利用土地的原因可能是由于部分湿地工程“重建设，轻维护”，以及湿地保护资金的不足，部分湿地处于荒地的状态。

从表 5-8 的 1995—2010 年湿地转出为各类用地的指数可以看出，湿地的主要转出土地利用类型为建设用地和农业用地两类，且转出为农业用地的面积呈总体下降的趋势，转出为建设用地的面积呈持续上升的趋势。第一阶段（1995—2000 年），湿地转出的景观主要是农业用地，共有 3 292.14 ha湿地转换为农业用地，转出指数为 0.76%。第二阶段（2000—2005 年）湿地的主要转出景观仍为农业用地，共有 3 704.88 ha 湿地转换为农业用地，转出指数为 0.85%，比第一阶段增加了 11.84%。从 2005 年起，湿地转换为农业用地的转出指数下降为 0.22%，而转出为建设用地的面积显著升高至 1.97%，说明从 2005 年起，苏锡常地区开始加强对农业用地的保护，而建设用地对湿地的侵占并未减少。三个阶段中还存在湿地转换为草地和林地的现象，且转出指数呈降低的趋势。1995—2010 年，未利用地与湿地的转出指数均为 0，表明该期间无湿地转换为未利用地，研究区域对未利用地的开发和利用程度较低。

湿地转入方面，主要转入湿地的景观为农业用地和建设用地，面积约为 52 663.94 ha。其中大部分湿地是由农业用地转入，面积为 49 158.44 ha；仅有少数林地、草地和未利用地转换为湿地。从表 5-9 的 1995—2005 年各类用地转入湿地的指数可以看出，草地、农业用地和建设用地的转入指数呈升高的趋势，林地的转入指数呈下降的趋势，表明该时间段湿地建设得到大力实施，多种土地类型同时转换为湿地。第三阶段，转换系数均有所下降，只有农业用地与湿地的转入指数为 1.02%，说明在最后一个阶段，农业用地所做出的贡献相对较大。

总体来说，1995—2010 年，湿地转入的面积超过湿地转出的面积，证明苏锡常地区湿地保护具有一定成效。然而，湿地的转出面积呈逐渐上升的趋势，转入面积呈先上升后下降的趋势。因此，应加大湿地的保护力度，遏制湿地转出面积增加的趋势，提高湿地的转入面积。

表 5-5　1995—2000 年土地利用转移矩阵　　单位：ha

土地利用类型		2000 年					
		农业用地	林地	湿地	草地	建设用地	未利用地
1995 年	农业用地	949 649.83	1 602.07	8 477.30	244.69	48 176.67	4.95
	林地	1 825.77	89 599.88	282.04	29.29	2 615.72	52.95
	湿地	3 292.14	123.02	428 763.26	172.60	1 207.05	9.02
	草地	44.52	53.13	96.33	3 719.58	108.60	0.69
	建设用地	17 301.05	190.45	556.27	6.54	179 778.13	3.93
	未利用地	6.67	10.72	5.72	0.48	4.09	661.33

表 5-6　2000—2005 年土地利用转移矩阵　　单位：ha

土地利用类型		2005 年					
		农业用地	林地	湿地	草地	建设用地	未利用地
2000 年	农业用地	872 640.13	1 685.84	35 924.71	0.82	61 872.45	0.00
	林地	389.26	90 709.95	234.36	0.33	245.29	0.40
	湿地	3 704.88	40.96	432 158.18	0.50	2 277.79	0.23
	草地	19.35	0.15	407.85	3 734.05	11.89	0.00
	建设用地	4 768.51	161.81	2 037.99	0.02	224 921.94	0.06
	未利用地	0.07	0.38	0.23	0.00	5.21	726.97

表 5-7　2005—2010 年土地利用转移矩阵　　单位：ha

土地利用类型		2010 年					
		农业用地	林地	湿地	草地	建设用地	未利用地
2005 年	农业用地	735 796.42	1 426.84	4 756.43	26.02	138 270.22	1 246.57
	林地	222.91	88 633.54	168.97	2.57	1 837.38	1 734.23
	湿地	1 016.61	5.29	460 432.41	50.36	9 259.53	0.73
	草地	55.41	11.31	137.13	3 227.53	199.24	105.14
	建设用地	3 251.10	160.47	911.24	0.94	284 643.24	368.17
	未利用地	0.02	38.80	27.60	0.18	80.55	580.53

表 5-8 湿地转出指数 单位:%

用地类型	第一阶段 1995—2000 年	第二阶段 2000—2005 年	第三阶段 2005—2010 年
农业用地	0. 76	0. 85	0. 22
林地	0. 03	0. 01	0. 00
草地	0. 04	0. 00	0. 01
建设用地	0. 28	0. 52	1. 97
未利用地	0. 00	0. 00	0. 00
湿地总转出面积/ha	433 567. 10	438 182. 54	470 764. 93

表 5-9 湿地转入指数 单位:%

用地类型	第一阶段 1995—2000 年	第二阶段 2000—2005 年	第三阶段 2005—2010 年
农业用地	1. 93	7. 63	1. 02
林地	0. 06	0. 05	0. 04
草地	0. 02	0. 09	0. 03
建设用地	0. 13	0. 43	0. 20
未利用地	0. 00	0. 00	0. 01
湿地总转入面积/ha	438 180. 92	470 763. 32	466 433. 78

5. 2. 4 湿地景观指数变化分析

本书对苏锡常地区各县（市、区）的湿地景观格局指标分别进行计算，包括湿地面积比例（PLAND）、斑块数（NP）、斑块破碎度（PD）和最大斑块指数（LPI），结果如图 5-3~图 5-13 所示。

5. 2. 4. 1 湿地面积比例（PLAND）

从图 5-3~图 5-5 可以看出，1995—2010 年苏州市和常州市的湿地面积比例均增大，无锡市的湿地面积比例减小。从空间上来看，太湖湖体周围各县（市、区）的湿地面积比例变化不大，变化较大的区域主要集中在金坛市、溧阳市、江阴市、太仓市和昆山市。结合城市扩张的分布来看，随着城市化地区的面积不断扩大，湿地面积的扩张只能往中心城区的外围发展。

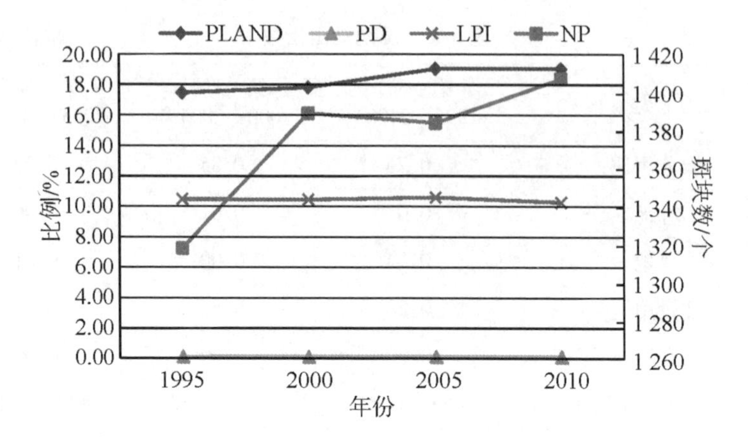

图 5-3　1995—2010 年苏州市湿地景观格局指数

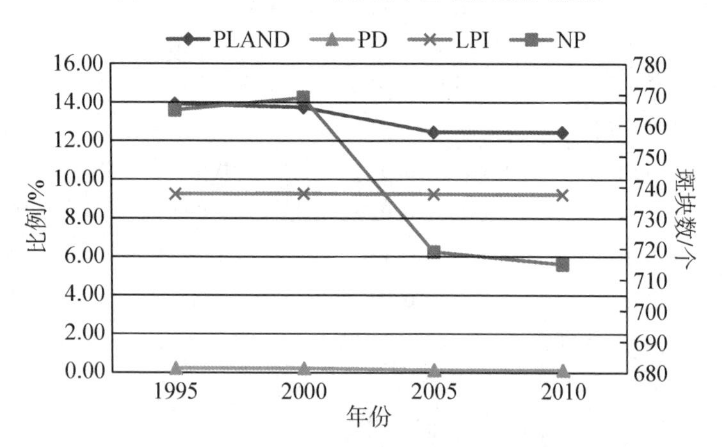

图 5-4　1995—2010 年无锡市湿地景观格局指数

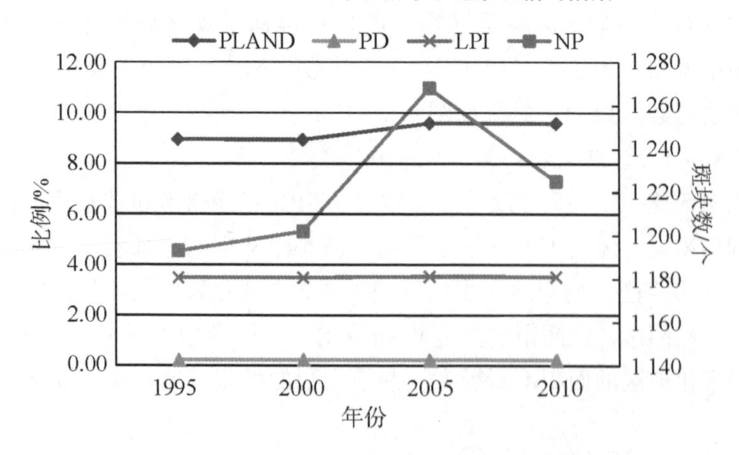

图 5-5　1995—2010 年常州市湿地景观格局指数

5.2.4.2 破碎度（PD）

1995—2010 年，苏锡常地区的斑块数和斑块密度均出现了先升高后降低的趋势，斑块数由 3 276 个增加至 3 347 个，破碎度由 0.19 降低至 0.16。从各个市来分析可以得到以下结果：

本书对苏州市湿地的破碎度进行分析，其斑块数和斑块密度变化情况如图 5-3 所示。1995—2010 年，其斑块密度变化不大，而斑块数显著增加，由 1995 年的 1 318 个增加至 1 407 个。从空间上看，湿地斑块密度变化较大的区域主要集中在常熟市、太仓市、相城区和吴中区，且主要发生在 2000—2005 年。说明从 2000 年起，随着苏州市建设用地的扩张，湿地的破碎度亦受到影响，在斑块数量上升的同时斑块密度也上升，表明湿地破碎化程度加剧。

对无锡市湿地破碎度进行分析可知，与苏州市相反，斑块数和板块密度均呈下降的趋势（见图 5-4）。无锡市的斑块数量和斑块密度在 2000 年出现最高值，之后持续下降，在 2010 年出现低值。斑块数从 1995 年的 765 个下降至 2010 年的 715 个；板块密度由 0.22 降低至 0.13。从空间上来看，湿地斑块密度减少较多的区域主要集中在无锡市的三个中心城区，即北塘区、崇安区和南长区，且主要发生在 2000—2005 年。结合湿地面积比例变化趋势，说明从 2000 年起，随着无锡市中心城区建设用地的扩张，中心城区湿地面积逐渐减少，且下降的速度低于斑块数量减少的速度，因此，呈现出湿地的破碎化程度降低的趋势。

对常州市湿地的破碎度进行分析，其斑块数和斑块密度变化情况如图 5-5所示。从时间上来看，常州市湿地的斑块密度变化不大，斑块数量从 1995 年的 1 193 个升高至 2005 年的 1 268 个，2010 年下降至 1 225 个。从空间上来看，1995 年，各县市中金坛市的斑块密度最大，之后，溧阳市、天宁区、戚墅堰区和武进区的斑块密度逐渐增加。说明随着常州市建设用地的扩张，湿地的破碎度亦受到影响，在斑块数量上升的同时斑块密度也上升，表明湿地破碎化程度加剧。

5.2.4.3 优势度

湿地最大斑块指数作为表征湿地优势度的简单度量方法，其数值越大表示湿地的破碎程度越低。本书对苏州市湿地优势度进行分析，湿地最大斑块指数变化情况如图 5-3 所示。从时间上来看，2005 年，苏州市湿地最大斑块指数上升至最高值，但之后其数值逐步下降，至 2010 年下降至最低值 10.27。从空间上来看，湿地最大斑块指数变化较大的区域主要集中在常熟市、昆山市、相城区和吴江市，且主要发生在 2000—2005 年。

对无锡市湿地优势度进行分析，湿地最大斑块指数变化情况如图 5-4 所示。从时间上来看，2000 年，苏州市湿地最大斑块指数上升至最高值，但之后其数值逐步下降，至 2010 年下降至最低值 9.22。从空间上来看，湿地最大斑块指数变化较大的区域主要集中在江阴市，且主要发生在 2000—2005 年。

本书对常州市湿地优势度进行分析，湿地最大斑块指数变化情况如图 5-5 所示。从时间上来看，2005 年，常州市湿地最大斑块指数上升至最高值，但之后其数值稍有下降，总体呈上升趋势。从空间上来看，湿地最大斑块指数几乎未发生变化。

5.3 本章小结

本书通过对 1995—2010 年 4 期遥感影像的解译，进行土地利用分类之后对苏锡常地区的土地利用时空格局及演变特征进行分析，得出如下结论：

（1）1995—2010 年研究区域的 6 类用地中，建设用地、农田和湿地的变化率较大，且相互转换的面积较多。湿地面积的时间和空间变化明显，总体呈增加的趋势，说明苏锡常地区的湿地保护工作具有一定的成效。湿地面积的增加主要来自退耕还湿；湿地面积的减少主要是由于建设用地的侵占。

（2）研究区域建设用地面积增加了 119.51%，且扩张呈持续增高的趋势，其中 2005—2010 年扩张最明显，扩展强度最大的地区发生在苏州工业园区，以苏锡常地区的中心城区为中心扩散式、连片地的方式向外扩张，而湿地面积的扩张只能往中心城区的外围发展。同时，随着建设用地的扩张，湿地斑块数量由 3 276 个增加至 3 347 个，湿地破碎化程度加剧。

6 生态系统服务价值评估及其时空差异

本章根据研究区土地利用变化情况，首先对生态系统服务进行分类，结合 ArcGIS 空间分析方法，采用物质量和价值量相结合的评价方法对 2000—2010 年研究区生态系统服务价值的变化进行了定量估算，并分析了 8 种生态系统服务价值增量的时空动态变化。

6.1 数据与方法

6.1.1 数据来源

6.1.1.1 遥感数据

赖敏等（2015）指出，生态补偿标准不应以区域生态系统服务的存量价值为依据，而是应以区域生态保护所产生的新增生态系统服务作为补偿的理论限值。由第 5 章的土地利用变化趋势可知，1995—2000 年研究区域内土地利用变化不明显，且从 2003 年开始江苏省逐渐加大对太湖流域湿地的保护，因此，本书选取成像较好，无云层遮挡的 2 期 Landsat-5 TM 遥感影像作为研究数据，分别为 2000 年 8 月 22 日和 2010 年 5 月 24 日，以反映苏锡常地区生态保护前后生态系统服务价值时空变化趋势。

6.1.1.2 地图数据

其主要包括江苏省苏州市、无锡市和常州市行政区划图和江苏省太湖流域数字高程模型（Digital Elevation Model，DEM），主要包括经度、纬度、坡向等。

6.1.1.3 其他数据

降雨量数据：研究区气象资料是提取降雨侵蚀力因子 R 值的基础资料。2000 年和 2010 年的每月降雨量数据来自《中华人民共和国水文年鉴长江流域水文资料——太湖区》中太湖流域约 200 个降雨量站。

土壤数据：土壤类型图及土壤侵蚀数据等用于得到土壤侵蚀因子 K 值图，研究中土壤数据包括土壤类型、土壤厚度、土壤容量及其理化分析资料，理化分析资料主要是土壤有机质含量、总氮、总磷含量和颗粒的机械组成。土壤数据来源于中国土壤数据库全国第二次土壤普查数据中的太湖流域 26 个土壤采样点。

社会经济数据：收集和处理苏锡常地区及其县（市、区）相应年份的 GDP、常住人口、农林牧渔业产值和面积数据来源于各市统计年鉴和年鉴。

6.1.2 生态系统服务价值评估指标的选取

生态系统服务分类是生态系统服务价值评估的重要环节。根据前文对国内外生态系统服务分类的总结，本书将环太湖苏锡常地区生态系统服务分为供给服务、调节服务、文化服务和支持服务四类，进而从研究区域生态系统的类型、功能特点以及生态系统服务的重要程度等角度出发，构建了苏锡常地区生态系统服务分类体系，共 8 项服务，10 项价值指标（见图 6-1）。

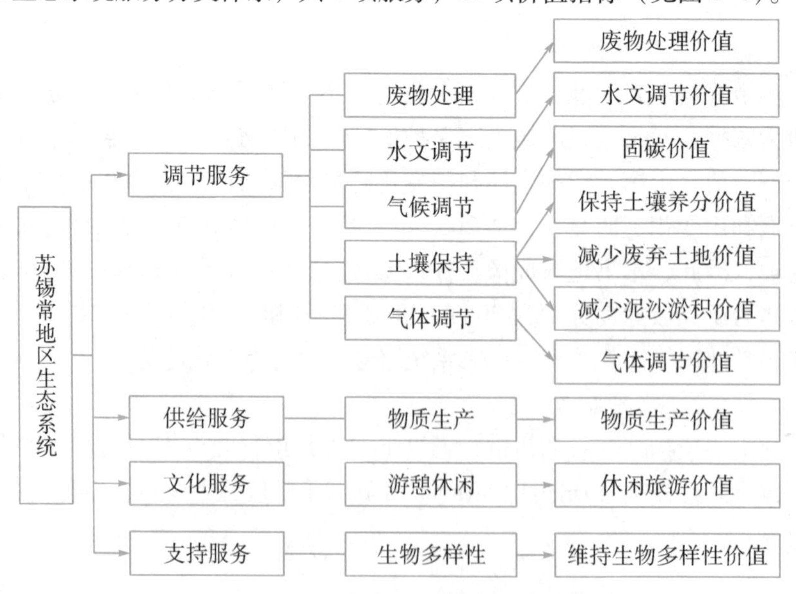

图 6-1 生态系统服务分类系统及价值评估指标

6.1.3 生态系统服务价值的估算方法

不同陆地生态系统服务价值可以从生态功能物质量和生态经济价值量两个方面核算。生态功能物质量可以用生态系统功能表现的生态产品与生态服务量表达，如粮食产量、洪水调蓄量、土壤保持量、固碳量等，其优点是直观、可以给人明确具体的印象，但由于计量单位的不同，不同生态系统产品产量和服务量之间难以加总和比较（欧阳志云 等，2013）。相反，生态经济价值量直接通过货币化来反映不同生态系统产品和服务的价值，其优点是计量单位统一，可以直接加总和比较，缺点是只反映了生态系统产品和服务的最终状态，无法反映其生态过程和生态功能。因此，本书采用物质量和价值量相结合的评价方法，首先计算不同生态系统产品的产量与服务量，然后借助价格将不同生态系统产品产量与服务量转化为货币单位表示生态系统服务价值（见表 6-1）。由于建设用地的生态系统服务功能不显著，本书未予考虑。生态系统服务价值估算的基本框架如图 6-2 所示：

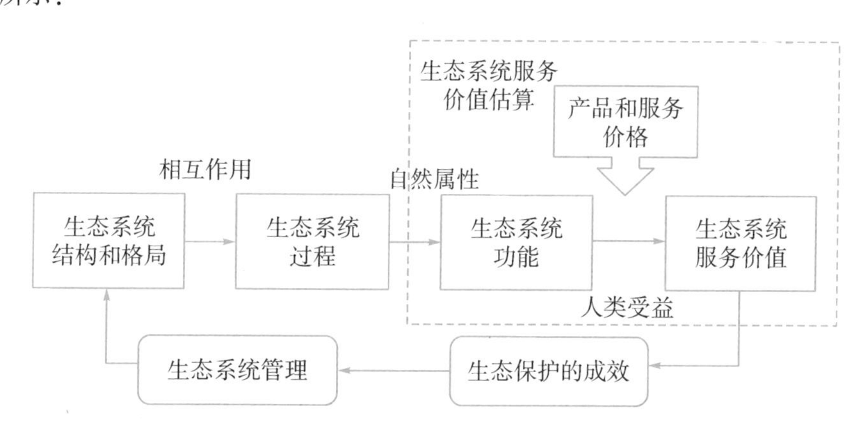

图 6-2　生态系统服务价值估算的基本框架

表 6-1　生态系统服务价值评价方法

类别	服务指标	生态功能物质量	生态经济价值量	价值量评价方法
调节服务	废物处理	—	废物处理价值	成果参数法
	水分调节	—	水分调节价值	成果参数法
	气体调节	—	气体调节价值	成果参数法
	气候调节	土壤和植被固碳量	固碳量的价值	避免成本法
	土壤保持	土壤保持量	保持土壤养分价值	影子价格法
			减少废弃土地价值	机会成本法
			减少泥沙淤积价值	替代成本法
供给服务	物质生产	农林牧渔产量	农林牧渔增加值	市场价格法
文化服务	游憩休闲	—	游憩休闲价值	成果参数法
支持服务	生物多样性	—	生物多样性价值	成果参数法

6.2　生态系统服务价值的估算

6.2.1　物质生产

物质产品生产是生态系统提供的最直接的服务功能，即属于直接使用价值。苏锡常地区生态系统提供的物质产品主要是农业、林业、牧业和渔业。由于物质产品具有明确的市场价格，可以进行交换，因此我们可以采用市场价值法对物质生产功能的价值进行评估。市场价值法，是指对有价格的生态系统产品和功能进行估价的一种方法（王金南，1995）。通过市场来体现生态系统服务的价值，这在估算中是最常使用也是最简单的方法。苏锡常地区生态系统有许多是人工或半人工生态系统，生产过程中都投入了大量的物质成本和人力成本，因此我们在计算过程中，将投入部分从总产出中扣除后得到的才是生态系统真正的物质生产功能价值，如公式（6-1）所示：

$$V_p = \sum S_i \times Y_i \times P_i - \sum W_i - \sum R_i \qquad (6-1)$$

式中，V_p 为物质产品价值；S_i 为第 i 类物质产品的面积；Y_i 为第 i 类物质产品的单产；P_i 为第 i 类物质产品的市场价格；W_i 为生产第 i 类物质产品的物质成本投入；R_i 为生产第 i 类物质产品的人力成本投入。

苏锡常地区生态系统物质生产价值应该是该地区农、林、牧、渔业产品增加值的总和，即农、林、牧、渔业总增加值。由苏州市、无锡市和常州市2001年和2011年统计年鉴可以分别得到2000年和2010年三市农、林、牧、渔业总产值、中间消耗（包括物质成本投入、人力成本投入）以及增加值。因难于精确统计各县（市、区）农、林、牧、渔业生产数据，本书基于土地利用分类，将苏锡常地区农、林、牧、渔业增加值分别按面积比例分配给农业用地、林地、草地和湿地计算其单位面积上的物质生产价值（见表6-2）。

表6-2　2000—2010年物质生产价值

土地利用类型	2000年		2010年	
	面积/ha	增加值/元/ha	面积/ha	增加值/元/ha
农业用地	972 129.90	11 417.37	740 343.25	25 022.07
林地	91 580.68	2 343.18	90 276.25	20 947.26
草地	4 173.32	634 542.76	3 307.59	1 158 747.00
湿地	438 184.75	10 169.14	466 433.78	18 087.11

6.2.2　固碳价值

生态系统可以通过植物的固碳和土壤的碳储存为减缓全球气候变暖做出贡献，其固碳价值包括植物固碳价值和土壤碳储存价值两部分（Jenkins et al., 2010）。

6.2.2.1　物质量

（1）植物固碳

本书根据王佳丽等（2010）对江苏省环太湖地区碳储量的分析结果，得到农业用地、林地和草地的植被单位面积固碳量分别为5.53 t/ha、26.58 t/ha和3.69 t/ha（见表6-3）。

与其他植物一样，湿地植物在生长过程中吸收二氧化碳并积累大量的碳。同时，由于在湿地生长环境下的微生物活动较弱，湿地生态系统的二氧化碳释放速度缓慢。在两种过程的共同作用下，湿地生态系统形成了“碳汇”。湿地植被的固碳释氧过程，实际是通过光合作用把无机物转化为有机物的过程，所以生物量是衡量湿地固碳释氧能力的核心参数。植物每生产 1g 干物质（生物量），需要吸收固定 1.63g 二氧化碳，相当于 0.44g C（杨一鹏 等，2013）。太湖湿地生态系统中的植被多为芦苇，且每年秋天要收割一次，因此净初级生产力（net primary production，NPP）可以近似看作地上生物量，从而得到固碳量（刘晓辉和吕宪国，2008）。许妍等（2010）研究表明，太湖水生植物优势种主要有荇菜、伊乐藻、芦苇等，其植物量为 140.60×10^4t。按照鲜样平均含水量 84%计算得出太湖湿地生态系统形成的植物干物质为 118.11×10^4t，由此可以得到其单位面积固碳量为 5.05 t/ha（见表 6-3）。

（2）土壤碳储量

本书根据王佳丽等（2010）对江苏省环太湖地区碳储量的分析结果，得到农业用地、林地和草地的土壤单位面积固碳量分别为 71.62 t/ha、86.85 t/ha 和 30.88 t/ha。江苏省环太湖地区湿地的土壤碳储量可以参考张旭辉等（2008）的研究结果，取 84.20 t/ha（见表 6-3）。

表 6-3　苏锡常地区单位面积固碳量　　单位：t/ha

固碳类型	农业用地	林地	草地	湿地	未利用地
植物固碳量	5.53	26.58	3.69	3.34	0.00
土壤固碳量	71.62	86.85	30.88	84.20	0.00
合计	77.15	113.43	34.57	87.54	0.00

6.2.2.2　价值量

（1）植物固碳价值

植物固碳价值计算公式如式 6-2 所示：

$$V_1 = W_1 \times P \qquad (6-2)$$

式中，V_1 为植物固碳价值（元/年）；W_1 为植物固碳量（t/年）；P 为单位固碳的价格（元/t）。本书采用可避免成本法来计算湿地的固碳价值，碳的价格取 43 美元/t（IPCC，2007），转化为 2000 年和 2010 年的价格分别为 356.04 元/t 和 291.11 元/t。

（2）土壤固碳价值

土壤固碳价值计算公式如式 6-3 所示：

$$V_2 = W_2 \times P \qquad (6-3)$$

式中，V_2 为土壤固碳价值（元/年）；W_2 为土壤固碳量（t/年）。每年的土壤碳储存价值采用年金现值法计算得到，社会贴现率取 4.5%，年限为 100 年。

将植物固碳价值与土壤固碳价值求和得到2000年和2010年的单位面积固碳价值，见表6-4和表6-5。

表6-4　2000年苏锡常地区单位面积固碳价值　单位：元/ha

固碳价值	农业用地	林地	草地	湿地	未利用地
植物固碳价值	2 018.67	9 702.76	1 347.00	1 219.23	0.00
土壤固碳价值	1 189.56	1 442.52	512.90	1 398.50	0.00
合计	3 208.23	11 145.28	1 859.89	2 617.74	0.00

表6-5　2010年苏锡常地区单位面积固碳价值　单位：元/ha

固碳价值	农业用地	林地	草地	湿地	未利用地
植物固碳价值	1 609.84	7 737.70	1 074.20	972.31	0.00
土壤固碳价值	948.64	1 150.37	409.02	1 115.27	0.00
合计	2 558.48	8 888.08	1 483.22	2 087.58	0.00

6.2.3 土壤保持价值

土壤侵蚀是地球表面的一种自然现象，它损失掉的是人类赖以生存的表层土壤，引起土地生产力下降，严重威胁人类的生产（庞丙亮，2014）。生态系统保护土壤的价值主要包括减少土地废弃价值、保持土壤养分价值和减少泥沙淤积价值，其中减少土地废弃价值与减少泥沙淤积价值存在着重复计算（李东海，2008），本书取两者价值最大的一个。

6.2.3.1 土壤保持量

土壤保持量等于湿地的潜在土壤侵蚀量与现实土壤侵蚀量之差（欧阳志云，1999）。潜在土壤侵蚀量是指完全不考虑植被覆盖因素和土壤管理因素时可能产生的侵蚀量。而现实土壤侵蚀量是在现实的植被覆盖状况下的土壤侵蚀量。本书采用土壤侵蚀方程（USLE）来计算土壤侵蚀量，以下所有因子的计算在ArcGIS软件中完成：

$$A_r = R \times K \times \text{LS} \times (1 - C \times P) \tag{6-4}$$

式6-4中，A_r 为单位面积土壤保持量（t/ha · a）；R 为降雨侵蚀力因子[MJ · mm(/ha · hr · a)]；K 为土壤可蚀性因子[t · ha · hr/(ha · MJ · mm)]；C 为植被经营与管理因子（无量纲单位）；P 为作物经营管理因子（无量纲单位）；LS为地形坡长坡度乘积因子（无量纲单位）。

（1）降雨侵蚀因子（R）

降雨侵蚀因子 R 值与降雨量、降雨时长、降雨强度、雨滴大小及下降速度有关，它反映了降雨对土壤的潜在侵蚀能力，R 因子的计算采用国际上通用的 Wischmemier（1978）等提出的经验方程来计算（周伏建和黄炎和，1995）：

$$R = \sum_{i=1}^{12} (-1.5527 + 0.1792 \times P_i) \tag{6-5}$$

式 6-5 中，R 为降雨侵蚀力因子；P_i 为多年各月平均降雨量（mm）。

2000 年和 2010 年苏锡常地区降雨侵蚀因子 R 值见图 6-3 和图 6-4。

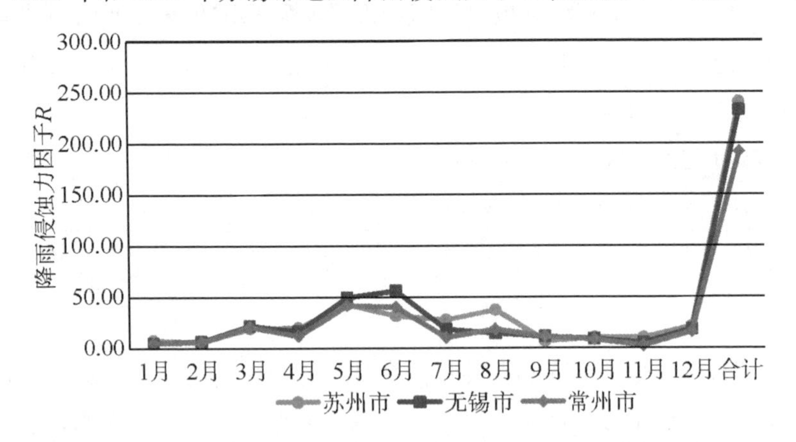

图 6-3　2000 年苏锡常地区降雨侵蚀力因子（R）　单位：元/ha

（2）土壤可蚀性因子（K）

土壤可蚀性因子 K 值反映的是土壤被降雨侵蚀力分离、冲蚀和搬运的难易程度，K 值的大小主要受土壤质地、土壤结构状况、土壤渗透性、有机质百分含量等因素的影响。为了更准确地量化水土流失对土壤的敏感程度，本书采用 Willianm 等人建立的 EPIC 模型（Zhu et al.，2010），该模型仅需要土壤有机碳和土壤颗粒含量数据即可以计算出 K 值。

$$K = [0.2 + 0.3\, e^{-0.0256SAN\left(1-\frac{SIL}{100}\right)}] \times \left[\frac{SIL}{CLA + SIL}\right]^{0.3} \times \left[1 - \frac{0.25C}{C + e^{3.72-2.95C}}\right] \times \left[1 - \frac{0.7\,SN_1}{SN_1 + e^{-5.51+22.9SN_1}}\right] \tag{6-6}$$

式 6-6 中，SAN 为砂粒含量（%）；SIL 为粉粒含量（%）；CLA 为黏粒含量（%）；C 为有机碳含量（%）；$SN_1 = 1 - SAN/100$。由于本书中的土壤理化性质采用的是美制单位，得到的单位为国际制单位，因此我们利用三次样条插值法将国际制单位转换为美制单位。

根据全国第二次土壤普查数据利用 ArcGIS 空间差值法计算得出 K 因子空间分布。

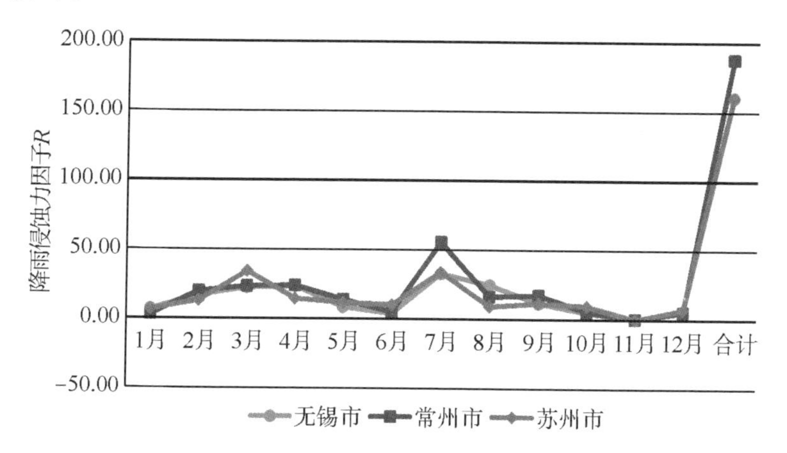

图 6-4　2010 年苏锡常地区降雨侵蚀力因子（R）　单位：元/ha

（3）坡长坡度因子（LS）

在通用土壤流失方程式中，坡长因子和坡度因子统称为地形因子。我们把坡长定义为从地表径流的起点到坡度降低到足以发生沉积的位置或者径流进去一个规定渠道的入口处的距离。坡度是田面或部分坡面的坡度，通常用百分数来表示。USLE 原本是一个坡面模型，LS 的计算只需现场量测到地块的坡度、坡长，便可根据 LS 算法比较容易的求得地块 LS 值。但是对于流域和区域尺度，实地量测是不现实的，只能基于中低分辨率的 DEM，通过编程来实现（杨勤科 等，2010）。本书利用经改进的累计径流算法及其相应的工具软件（LS_ tool）来提取坡长（王程 等，2012）。

（4）作物管理因子（C）

作物管理因子（C）是在相同的土壤、坡度和降雨的条件下，某一特定作物或植被情况时的土壤流失量与耕种过后连续休闲的土地土壤流失量的比值（马永力，2010）。C 值介于 0 和 1 之间，C 值越大说明它所应的土地利用方式的土壤侵蚀越严重。

作物管理因子要受到诸如植被、作物种植顺序、生产力水平、生长季长短、栽培措施、作物残余管理、降雨时间分布等众多因素控制，这使得我们对作物管理因子直接计算往往难以进行。作物管理因子主要体现了植被与作物管理因子对土壤侵蚀的综合作用，其值大小最主要还是取决于具体的植被覆盖、耕作管理措施。因此，作物管理因子取值主要与土地利用类型有关。本书在对研究区域耕作管理制度的调查基础上，结合有关作物管理因子的研究报道（陆建忠 等，2011），根据苏锡常地区土地利用现状，确定各种土地利用类型的平均作物管理因子值（见表 6-6）。

表 6-6　苏锡常地区作物管理因子（*C*）取值

土地利用类型	*C* 值
湿地	0.000
林地	0.003
农业用地	0.104
草地	0.050
建设用地	0.003
未利用地	1.000

（5）土壤侵蚀控制措施因子（*P*）

侵蚀控制措施因子（*P*）是采用专门措施后的土壤流失量与顺坡种植时的土壤流失量的比值。一般无任何水土保持措施的土地类型 *P* 值为 1。土壤保持措施因子（*P*）被认为是 USLE 方程中最难确定的因子，因此，只能粗略估算 *P* 值。本书在对水土保持现状调查的基础上，参考前人研究结果（陆建忠 等，2011），确定苏锡常地区土壤保持措施因子 *P* 值（见表 6-7）。

表 6-7　苏锡常地区土壤侵蚀控制措施因子（*P*）取值

土地利用类型	*P* 值
农业用地	0.190
林地	0.800
其他	1.000

根据上述计算得出的 *R*、*K*、LS、*C* 和 *P* 因子以及公式（6-4），计算得出环太湖苏锡常地区 2000 年和 2010 年土壤保持量，单位为 t/ha · a。

6.2.3.2 土壤保持价值

（1）减少土地废弃价值

本书根据太湖流域湿地的土壤容重和表层土壤厚度把土壤保持量换算为土壤面积保持量，然后根据机会成本法计算其价值：

$$V_1 = A_r \times \frac{B}{10^8 \times d \times \rho} \times S_w \tag{6-7}$$

式 6-7 中，V_1 为减少土地废弃的价值（万元/年）；B 为农业年均收益（元/ha）；ρ 为土壤容重（t/m^3）；d 为土壤厚度（m）；A_r 为土壤保持量（t/ha·a）；S_w 为湿地面积（ha）。太湖流域沼泽土壤容重为 1.35g/cm³，土壤厚度取 0.25m，根据《苏州统计年鉴》《无锡统计年鉴》和《常州统计年鉴》，2000—2010 年苏锡常地区农业的平均机会成本为 26 730 元/ha。

（2）保持土壤养分价值

本书运用影子价格法对太湖流域湿地的保持土壤肥力价值进行评价，土壤肥力主要包括土壤中的 N 和 P 元素。

$$V_2 = \sum_{i=1}^{n} A_r \times C_i \times P_i \times S_w \tag{6-8}$$

式 6-8 中，V_2 为保持土壤养分的单位价值（元/年）；C_i 为土壤氮、磷、钾的纯含量；P_i 为化肥（尿素和磷酸氢二铵）价格（元/t）。太湖流域湿地土壤的总氮和总磷含量分别为 0.15%和 0.05%。化肥的价格采用《2012 年中国统计年鉴》中尿素和磷酸氢二铵的进口价格，分别为 4 568 元/吨和 4 203元/吨。

（3）减少泥沙淤积价值

按照我国泥沙运动规律，每年全国土壤侵蚀流失的泥沙有 24%的淤积在水库、江河和湖泊中，造成蓄水量的减少，因而用水库清淤费用计算减轻泥沙淤积的价值：

$$V_3 = A_r \times 0.24 \times \frac{P_a}{\rho} \times S_w \tag{6-9}$$

式 6-9 中，V_3为减轻泥沙淤积的价值（元/年）；P_a 为水库清淤工程费用，这里取 6.94 元/m³（何浩 等，2012），ρ 为土壤容重。

将 V_1和 V_3取两者最大值，与 V_2求和得到研究区域 2000 年和 2010 年土壤保持价值。

6.2.4 其他服务价值

本书采用成果参照法，即谢高地等（2008）制定的中国不同陆地生态系统单位面积生态服务价值表来估算生物多样性、废物处理、气体调节、水文调节和旅游价值。系数校正方法为：统计2000年和2010年苏锡常地区粮食产量，算出平均单位面积粮食产量分别为6 813 kg/ha。粮食单价按照国家退耕还林第一阶段2002—2010年的补助标准1.4元/千克，考虑在没有人力投入的自然生态系统提供的经济价值为1/7（李双成 等，2014），进而得到2000—2010年农业用地自然粮食产量的平均经济价值约为1 363元/公顷，即为本书所采用的不同生态系统服务价值基准单价，本书参考"中国生态系统服务价值当量因子表"，结合苏锡常地区的实际情况，得到校正后的生态系统服务价值系数，见表6-8。

表6-8 苏锡常地区单位面积生态系统服务价值表 单位：元/ha

生态系统服务	农业用地	湿地	林地	草地	未利用地
废物处理	1 894.57	39 867.75	2 344.36	1 799.16	354.38
气体调节	981.36	3 979.96	5 888.16	2 044.50	81.78
水文调节	1 049.51	43 902.23	5 574.67	2 071.76	95.41
生物多样性	1 390.26	9 704.56	6 147.13	2 548.81	54.52
游憩休闲	231.71	12 444.19	2 835.04	1 185.81	327.12

6.3 生态系统服务价值评估及其时空差异

6.3.1 生态系统服务价值时空变化分析

6.3.1.1 时间尺度

从表6-9可以看出，2000—2010年，苏锡常地区生态系统服务总价值呈增加趋势，由2000年的832.31亿元增加到2010年的977.35亿元，共增加了145亿元，年均增长率为1.74%。在单项生态系统服务价值中，减少的只有气体调节、固碳和生物多样性价值，其中，固碳价值减少较明显，年均减少率为3.06%，而生物多样性价值减少较小，年均减少率为

0.09%。在8项生态系统服务价值中，有5项价值呈增加的趋势，包括物质生产、水文调节、废物处理、游憩休闲和土壤保持价值，其中物质生产价值增长最多，年均增长率为7.75%。可见，2000—2010年，苏锡常地区总生态系统服务价值的增加主要是来自供给服务价值的增加，同时，随着供给服务价值的增加，调节服务价值和支持服务价值相应减少。

表6-9　2000—2010年苏锡常地区生态系统服务价值变化

生态系统服务类型		总价值/亿元		年均变化率/%
一级类型	二级类型	2000年	2010年	
供给服务	物质生产	184.18	326.85	7.75
调节服务	气体调节	32.46	31.22	-0.38
	固碳	52.94	36.75	-3.06
	水文调节	207.77	217.65	0.48
	废物处理	195.34	202.17	0.35
文化服务	游憩休闲	59.43	62.37	0.50
支持服务	土壤保持	38.42	39.14	0.19
	生物多样性	61.78	61.19	-0.09
合计		832.31	977.35	1.74

从苏锡常地区各土地利用类型的生态系统服务价值变化情况来看，2000—2010年，五种土地利用类型的总生态系统服务价值增加145亿元，其中未利用地的生态系统服务价值增加最多，由2000年的0.02亿元增加至2010年的0.07亿元，年均增加率为25%，说明10年间苏锡常地区从未利用地转换为生态用地的比例显著增加。农业用地、林地、湿地和草地的年均增长率分别为2.36%、2.55%、1.28%和4.28%，其中湿地的生态系统服务价值变化率最低。

尽管未利用地的生态系统服务价值增加最多，但是从单位面积生态系统服务价值的变化情况来看，未利用地的单位面积生态服务价值呈下降趋势，年均减少率为2.61%，这是由于2000—2010年，未利用地面积显著增加，由732.88 ha上升到4 035.46 ha。农业用地、林地、湿地和草地的单位面积生态系统服务价值有所增加，其中草地和农业用地的单位面积生态系统服务价值的年均增加率分别为8.01%和6.25%，而湿地的单位面积生态系统服务价值的年均增加量不明显，年均增加率仅为 0.60%（见表 6-10）。

表 6-10　2000—2010 年苏锡常地区各土地利用类型生态系统服务价值变化

	年份	农业用地	林地	湿地	草地	未利用地
生态系统服务价值/亿元	2000 年	202.32	63.78	538.87	27.32	0.02
	2010 年	250.13	80.07	608.08	39.00	0.07
所占比例/%	2000 年	24.31	7.66	64.74	3.28	0.00
	2010 年	25.59	8.19	62.22	3.99	0.01
年变化率/%		2.36	2.55	1.28	4.28	25.00
单位面积价值/万元/ha	2000 年	2.08	6.96	12.30	65.47	0.23
	2010 年	3.38	8.87	13.04	117.93	0.17
单位面积价值年变化率/%		6.25	2.74	0.60	8.01	-2.61

6.3.1.2　不同评价方法的比较

目前，生态系统服务价值评估还没有形成公认的理论指标体系与价值核算体系（Reyers et al.，2013）。生态系统服务价值评估技术有以自然科学为基础的物质能量模型，也有建立在经济学、消费者行为学、福利经济学学科基础之上的经济评价模型。因此，从理论和方法的角度来看，不同的评估技术存在差异。而生态系统服务价值的大小没有精确衡量的统一标尺，不同的评估技术得出的估值结果肯定不同，因此很难从价值大小的角度比较评估技术的好坏（魏同洋，2015）。由于本书旨在分析生态系统服务价值的时空变化，因此选择不同的计量模型对研究区 2010 年的物质生产、固碳价值和土壤保持价值进行估算，并将该方法与 Costanza 的单位面积价值表、修正的谢高地单位面积价值表相比较，对不同评估技术做进一步分析。

不同计算方法结果见表 6-11。三种评价方法的结果存在明显差异，其中本书运用的多种评估模型所得到的结果最大，而参照谢高地等人（2008）的价值系数得到的结果最小。参照 Constanza 等的价值系数所得到的 2010 年的生态系统服务价值仍明显高于参照谢高地等方法的评价值。这也与蔡邦成等（2006）参照这两种典型的生态系统服务价值系数，对比昆山市生态系统服务价值的研究结果一致。其主要原因是近年来湿地污染越来越严重，湿地退化，生态系统服务价值越来越低，谢高地等人根据 Costanza 等人的价值系数进行了修正，因此，根据 Constanza 等确定的湿地（包括水域）价值系数（151 805 元/ha・a）远高于根据谢高地等方法确定的值（147 543 元/ha・a），尽管根据 Constanza 等确定的其他价值系数均低于根据谢高地等方法确定的价值系数，但由于湿地的生态服务价值在苏锡常生态系统服务价值中占主体地位，约占总价值的 63%，其他几种生态类型的服务价值在总价值中所占的都比较低（见表 6-11），从而导致最终参照 Constanza 等的价值系数评价的生态系统服务价值高于参照谢高地等方法的评价值。另外，参照谢高地等人（2005）的评价值低于本研究采用的计量模型得到的评价值主要是由于物质生产价值方面的偏差，谢高地等人采用的价值修正法只考虑了粮食作物的价格因素，而本书中的物质生产价值考虑了农林牧渔的增加值，所以明显高于谢高地的方法算出的结果。因此，对生态系统服务价值评估应该采用动态分析或环境变化前后的生态系统服务价值差异，如果仅仅评估某一区域静态的生态服务功能价值，由于按不同的标准的计算值相差较大，具体结果也可能失去了参考意义，这也是已有研究中不同的研究者得到的评估值相差较大的原因所在（许妍 等，2006；贾军梅 等，2015；Ai et al.，2015）。

本书中的 5 个生态系统服务是通过成果参照法——结合谢高地和 Costanza 的生态系统服务价值系数来评估其价值，在结果上与采用一手数据的评估结果可能存在一定差异。但是，政府决策者往往想了解的是区域或国家尺度上多种生态系统服务价值的情况，在大尺度下得到一手数据是十分困难的。因此，效益转移法满足了决策者的迫切需要，是在尺度上分析生态系统服务价值的一种有效的方法（Mart ınez-Harmsand Balvanera，2012）。

表 6-11　不同评价方法的 2010 年生态系统服务价值 单位：亿元

评价方法	物质生产价值	固碳价值	土壤保持价值	总价值
计量模型	326. 85	36. 75	42. 24	405. 84
参考 Costanza 方法	185. 34	57. 99	4. 49	247. 82
参考谢高地方法	29. 79	123. 38	38. 00	191. 17

6.3.1.3　空间尺度

为了了解各县（市、区）生态系统服务价值的空间分布及变化情况，本书在计算整个研究区的生态系统服务价值的基础上，利用 ArcGIS 的 Analyst Tools 将生态系统服务价值统计到各县（市、区）。

在物质生产价值方面，2000 年，溧阳市、宜兴市、吴中区和常熟市具有较高的物质生产价值，其价值均高于 15 亿元，随着物质生产价值的不断增加，2010 年，这四个县（市、区）的物质生产价值均高于 25 亿元。物质生产价值较低的区域主要集中在苏锡常地区的城市中心区，价值无变化的区域主要集中在太湖的东面（见图 6-5）。

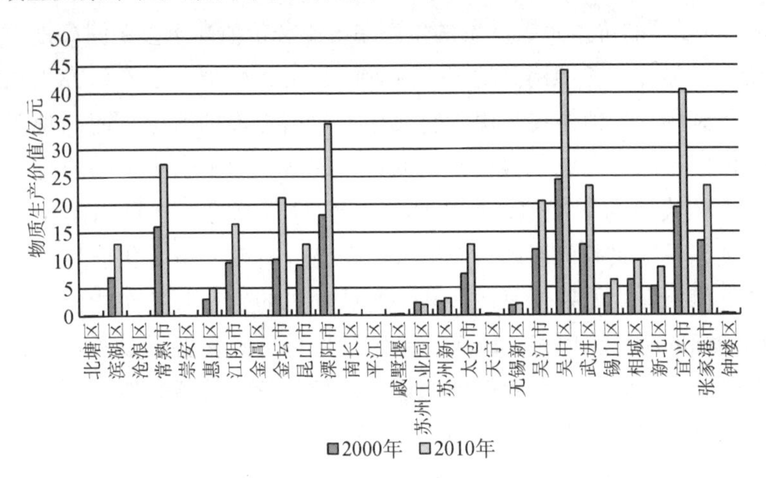

图 6-5　2000 年和 2010 年苏锡常地区各县（市、区）物质生产价值

在气体调节价值方面，2000 年和 2010 年价值最高（大于 3 亿元/年）的区域均出现在宜兴市和吴中区。2010 年，价值较高的区域（大于 1.5 亿元/年）逐渐缩小，张家港市和常熟市的气体调节价值明显降低。气体调节价值较低（小于 0.10 亿元/年）的区域仍然主要集中在苏锡常地区的城市中心区，价值无变化的区域主要集中在研究区域的北部和西部（见图 6-6）。

在固碳价值方面，2000 年价值最高（大于 3 亿元/年）的区域主要集中在研究区域的西部、南部，以及常熟市。2010 年，价值最高的区域范围缩小，金坛市、武进区、常熟市和吴江市的固碳价值明显减少。固碳价值较低（小于 0.20 亿元/年）的区域仍然主要集中在苏锡常地区的城市中心区，其周边地区的固碳价值均有所降低，包括锡山区、相城区、苏州高新区、新北区、太仓市和昆山市。固碳价值无变化的区域主要集中在江阴市、张家港市和苏锡常地区的城市中心区（见图 6-7）。

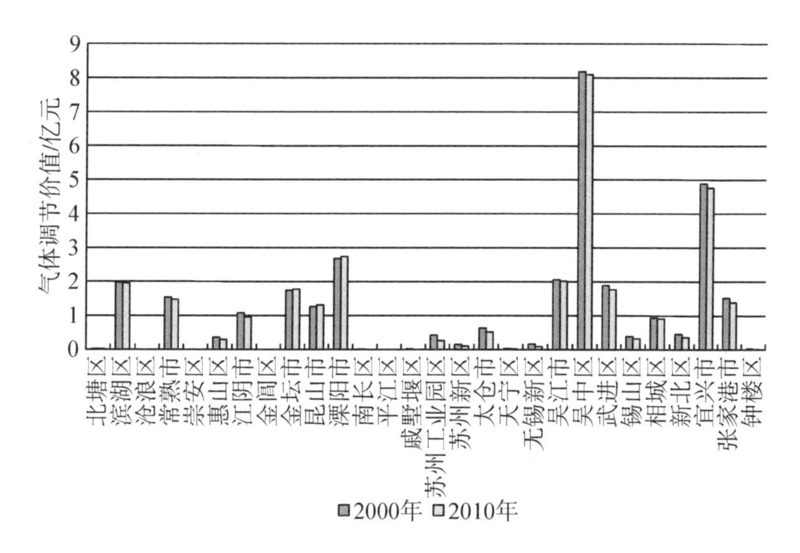

图 6-6　2000 年和 2010 年苏锡常地区各县（市、区）气体调节价值

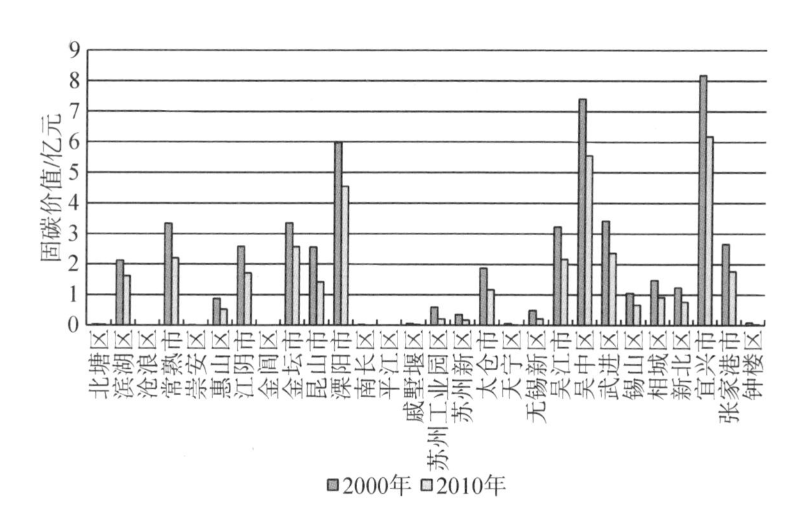

图 6-7　2000 年和 2010 年苏锡常地区各县（市、区）固碳价值

在水文调节价值方面，2000 年和 2010 年价值最高（大于 25 亿元/年）的区域主要集中在吴中区，也是太湖湖体主要所在的行政区。2010 年，武进区的水文调节价值明显增加，而苏州工业园区和锡山区的水文调节价值呈下降趋势，这是由于武进区辖区内有多个入湖的主要河道，2000—2010 年，区政府加大湿地保护与水污染防治力度，湿地面积由 2000 年的 25 046 ha 增加至 25 668 ha，且湿地斑块数明显下降。水文调节价值较低（小于 1.00 亿元/年）

的区域主要集中在苏锡常地区的城市中心区（见图6-8）。

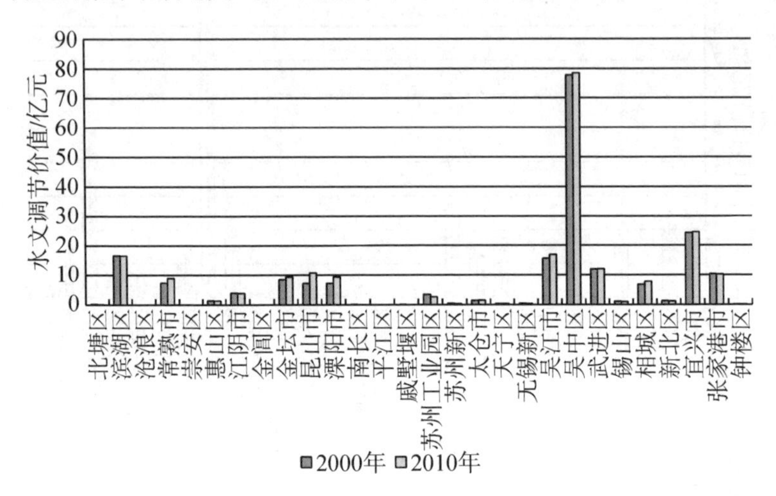

图6-8　2000年和2010年苏锡常地区各县（市、区）水文调节价值

在废物处理价值方面，2000年价值最高（大于42亿元/年）的区域主要集中在吴中区，且2010年该区域废物处理价值无变化。废物处理价值较低（小于1.00亿元/年）的区域主要集中在苏锡常地区的城市中心区，且2010年江阴市的废物处理价值降低至4.00亿元/年以下，其他区域的废物处理价值在两年间无明显变化（见图6-9）。

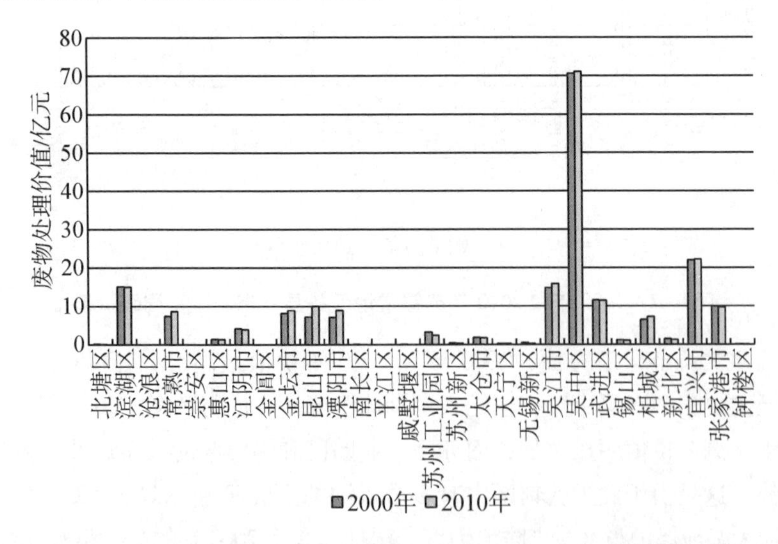

图6-9　2000年和2010年苏锡常地区各县（市、区）废物处理价值

在游憩休闲价值方面，2000 年价值最高（大于 10 亿元/年）的区域主要集中在吴中区，说明太湖是研究区内最主要的旅游资源，2010 年该区域游憩休闲价值无变化。游憩休闲价值较低（小于 0.50 亿元/年）的区域主要集中在苏锡常地区的城市中心城区、惠山区、锡山区、无锡新区、苏州高新区、新北区和太仓市。整个研究区的游憩休闲价值在两年间无明显变化（见图 6-10）。

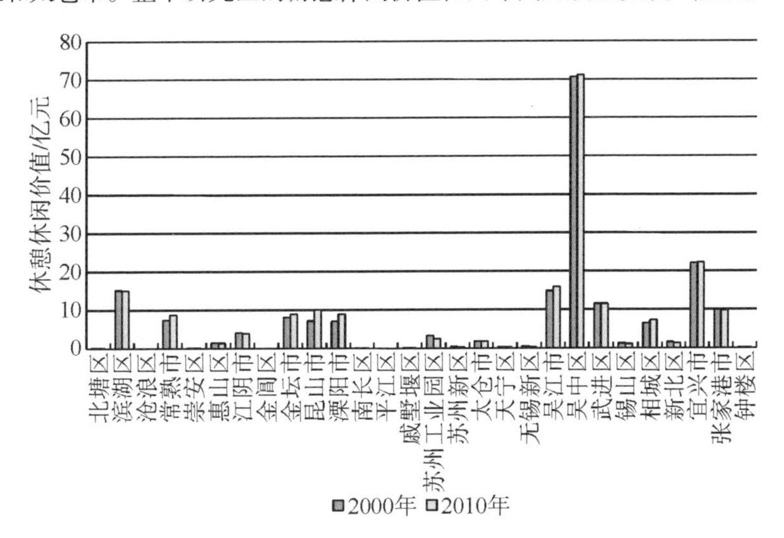

图 6-10　2000 年和 2010 年苏锡常地区各县（市、区）休憩休闲价值

在土壤保持价值方面，2000 年和 2010 年价值最高（大于 8 亿元/年）的区域为宜兴市，这是由于宜兴市是研究区内坡度最高的区域，分布有山地和丘陵。2010 年，武进区和惠山区的土壤保持价值明显降低，而其他区域价值无明显变化。研究区域的北部和东部区域土壤保持价值较低（小于 0.80 亿元/年），且在两年间无变化（见图 6-11）。

在生物多样性价值方面，2000 年价值最高（大于 8 亿元/年）的区域主为吴中区和宜兴市，且 2010 年该区域生物多样性价值无变化，该区域内具有最大面积的水域和林地，为物种的生物多样性提供了生境基础。生物多样性价值较低（小于 0.50 亿元/年）的区域主要集中在苏锡常地区的城市中心区。2010 年，金坛市和张家港市的生物多样性价值均有所降低，其他区域的生物多样性价值在两年间无变化（见图 6-12）。

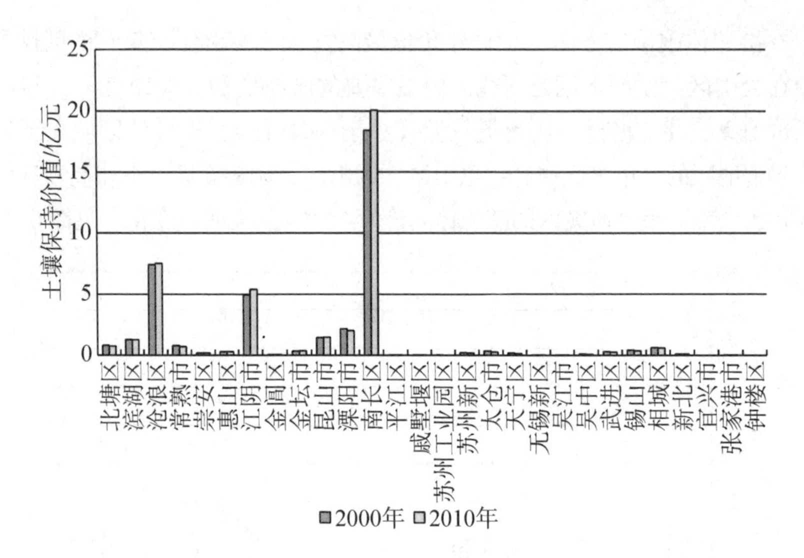

图 6-11　2000 年和 2010 年苏锡常地区各县（市、区）土壤保持价值

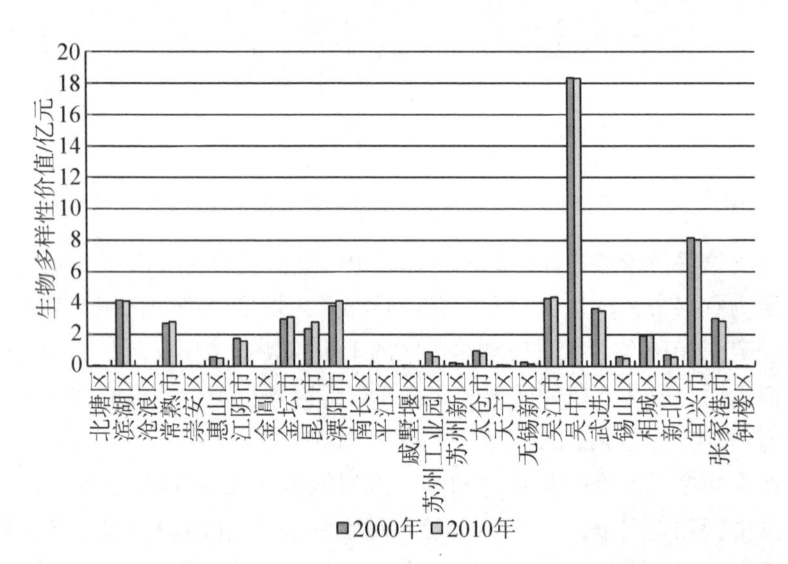

图 6-12　2000 年和 2010 年苏锡常地区各县（市、区）生物多样性价值

从总的生态系统服务价值的空间分布来看（见图 6-16），总生态系统服务价值最高的区域为吴中区，其价值大于 120 亿元/年，从行政区划上来看，太湖湖体大部分面积归吴中区管辖。总生态系统服务价值最低的区域为苏锡常地区的中心城区及其周边城市，如惠山区、锡山区、无锡新区、苏州高新区和苏州工业园区，其价值均低于 10 亿元/年。锡山区和相城区

出现明显的生态系统服务价值增加的趋势，而苏州工业园区出现下降的趋势，其他区域的价值均无明显变化。

6.3.2 生态系统服务价值增量的空间差异性分析

根据上述分析结果，我们将2010年的生态系统服务价值与2000年的生态系统服务价值进行空间叠加分析，得到2000—2010年各县市生态系统服务价值增量的空间分布（见图6-13）。

在供给服务价值方面，除了苏锡常中心城区和苏州工业园区的物质生产价值有所下降，其余地区的物质生产价值在10年间均存在不同程度的增加，其中研究区的南部和西部（吴中区、宜兴市和溧阳市）的价值增加最多，均大于11.28亿元。

在调节服务价值方面，与物质生产价值变化情况相反，2000—2010年，气体调节、水文调节和废物处理价值减少的区域集中在北部，而增加的区域集中在东部和西部。整个研究区域的固碳价值均出现不同程度的减少趋势，其中吴中区和宜兴市减少的价值最多，而苏锡常中心城区的价值只有小幅度的下降。可见，在溧阳市、宜兴市和吴中区，物质生产价值与气体调节价值存在权衡关系。

在文化服务价值方面，与水文调节价值相似，10年间出现增长的区域为研究区的西部、南部和东部，其中增长最大的区域为昆山市，增量大于0.60亿元，而研究区的北部和苏州工业园区文化服务价值出现降低的趋势，其中减少最多的区域为苏州工业园区，10年间损失游憩休闲价值大于0.23亿元。可见，文化服务价值与水文调节价值存在协同关系。

在支持服务价值方面，土壤保持价值10年间出现增长的区域主要集中在研究区域的南部、西南部和北部，包括溧阳市、宜兴市、吴中区、吴江区、江阴市、张家港市和太仓市，其中宜兴市增加量最多。其余地区的土壤保持价值均出现减少的现象，其中减少较多的区域为武进区、惠山区、滨湖区和常熟市，10年间损失土壤保持价值大于0.066亿元。除了研究区的西部和东部的生物多样性价值有所增加，其余地区的生物多样性价值在10年间均存在不同程度的减少，其中减少较多的区域为北部的张家港市和江阴市以及中部的苏州工业园区。

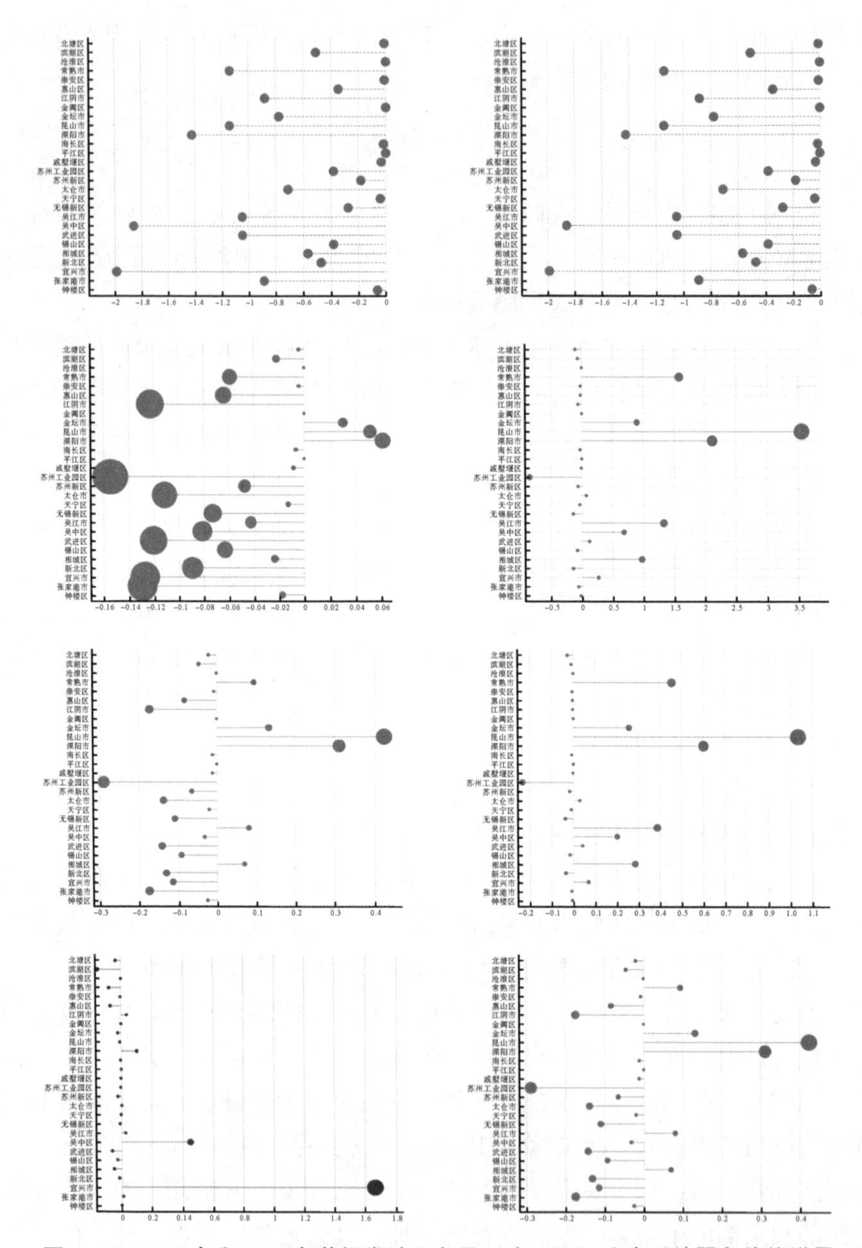

图 6-13　2000 年和 2010 年苏锡常地区各县（市、区）生态系统服务价值增量

从总的生态系统服务价值的空间变化来看（见图 6-18），价值减少的区域主要集中在苏锡常地区的中心城区、无锡新区和苏州工业园区，其中苏州工业园区的总生态系统服务价值减少量最多，10 年间减少价值量达 3.31 亿元。其余地区均出现不同程度的增加趋势，其中研究区西北部的溧阳市、宜兴市和南部的吴中区的总生态系统服务价值增加量最多，10 年间增加价值量均大于 13.49 亿元。另外，研究区域外围地区（如武进区、金坛市、张家港市、昆山市、吴江市等）的总生态系统服务价值增量比研究区域中心地区（如惠山区、滨湖区、相城区、苏州高新区等）的增量多。总的来说，研究区域生态系统服务价值增量表现出从研究区中部向外围扩散式增加。

6.4 本章小结

在对苏锡常地区的土地利用时空格局及演变特征分析的基础上，选择 2000 年和 2010 年土地利用数据，评估研究区生态系统服务价值及其增量的空间差异性，得出如下结论：

（1）2000—2010 年，苏锡常地区生态系统服务总价值增加 145 亿元。总生态系统服务价值的增加主要是来自供给服务价值的增加，同时，随着供给服务价值的增加，调节服务价值和支持服务价值相应减少。从土地利用类型来看，五种土地利用类型的总生态系统服务价值均呈上升趋势，其中未利用地的生态系统服务价值增加最多，但其单位面积生态服务价值呈下降趋势。农业用地、林地、湿地和草地的单位面积生态系统服务价值有所增加，其中草地和农业用地增加较多，而湿地增加不明显。

（2）8 种生态系统服务价值存在明显的空间差异性，其中供给服务、调节服务和支持服务价值较高的区域集中在研究区的西部和北部；文化服务价值较高的区域集中在研究区的北部。总生态系统服务价值的最高值出现在太湖湖体主要所在区吴中区，最低值出现在苏锡常地区的中心城区。

（3）生态系统服务价值增量存在明显的空间差异性，供给服务增量最多的区域集中在西南部和南部；调节服务和文化服务价值增量最多的则集中在东部和西部；支持服务价值增量最多集中在西南部和东部。从县（市、区）来看，增量最多的区域为溧阳市、吴中区和宜兴市，最少的为苏州工业园区。生态系统服务价值增量表现出从研究区中部向外围扩散式增加。

7 生态系统服务价值区分及空间权衡

本章在第 4 章对研究区域生态系统服务价值评价的基础上，结合 ArcGIS 的空间分析技术，运用定量的方法，综合考虑区域内的自然、社会和经济等影响因素的空间差异性，并在此基础上结合 SPSS 统计软件的系统聚类分析功能进行生态系统服务价值分区，以全面、客观地反映生态补偿对象的差异与联系。生态系统服务价值区划是根据区域的生态系统服务价值增量的异同，兼顾其分布特点、人口、经济和社会发展等因素，并考虑与主要生态服务功能可相容的其他服务功能，将一个区域内所分布的生态服务价值增量进行区划的过程。在分区的基础上，本书进一步利用情景分析，探讨各分区生态系统服务价值的权衡关系，确定其增量最均衡的未来发展情景。

7.1 区域生态系统服务价值区划方法研究

7.1.1 生态系统服务价值区划的含义

生态系统服务价值区划就是按照区域生态学的原理，依据区域生态系统服务价值空间分异的规律，在区域生态系统服务价值评价的基础上，从空间上将区域划分为不同分区的过程。生态系统服务价值为实施生态环境保护与建设，维护区域生态安全格局与资源合理利用，实现区域产业合理布局和社会、经济、自然和谐发展提供了科学依据，也为达到区域物质、能量、信息的良性循环提供了强有力的保障。

7.1.2 生态系统服务价值区划的原则

生态系统服务价值区划以生态补偿为目的。根据生态系统服务价值增量的空间分布特征，区域生态服务价值与社会、经济、环境问题形成机制与区域分异规律，生态系统服务价值区划应遵循以下原则：

（1）地带性和非地带性相结合原则。地带性和非地带性是地表自然界最基本的地域分异规律。地球表层中所有自然与人文过程均受到地带性因素和非地带性因素的共同作用。地带性和非地带性因素的对立统一始终贯穿着生态系统结构与功能到服务的全过程，并决定着这一过程的本质与方向。从大尺度来说，由于自然与社会经济因素的地区差异，生态系统服务的空间分布、流动以及供给与消费都存在着明显的地带性。

（2）发生同一性与区内特征相对一致性原则。生态系统服务价值区划既要考虑同一级别区划单元特征的相对一致性，又要照顾区域单元形成与发展的同源性。我们在分区中要考虑多重生态系统服务成因上的一致性，通过空间聚类等技术，对一致性的生态系统服务合并成簇；同时，在分区层级与特征使用上，还要考虑区域内生态系统服务类型和数量的相对一致性。

（3）综合性和主导性原则。该原则强调在进行某一级区划时，我们必须全面考虑构成生态环境与社会经济环境的各组成要素及其综合体的相似及差别；同时，需要选取反映区域分异的主导因素及其主导标志作为分区的主要依据。进行具有综合区划性质的生态系统服务价值分区，识别生态系统服务价值类型、空间分布和动态变化离不开对区域自然和社会经济特征的认识，我们必须将影响生态系统服务价值变化的自然和社会经济要素综合起来加以考虑，抓住主要特征进行分区。

（4）自然与行政区划单元相结合原则。一方面，作为一种综合地理区划，生态系统服务价值区分兼具自然与社会经济区划的特征，因而在区划单元的选择上，我们要尽可能选择生态系统服务价值分布相一致的自然单元。另一方面，生态系统服务价值分区的最终目的是对生态系统进行科学利用与管理，各项保护、建设与管理工作须由各级相关政府部门实施。因此，区划单元适当考虑行政界线是必要的。

7.1.3 建立分区指标体系

进行聚类分析，首先必须按照聚类的目的，从分区对象中提取能表达这个目的的特征指标，然后根据分区对象的亲疏程度进行分类。苏锡常地区生态系统服务价值分区的对象是苏锡常地区的28个县（市、区），特征指标就是每个县（市、区）都具有的、能够反映生态、经济与社会特征的统计指标。我们以生态补偿为目的，根据苏锡常地区生态系统服务价值区划指标体系的构建思路和设置原则，对区域有关的统计资料进行反复研究，并多次召集咨询专家，综合考虑引起生态系统服务价值变化的经济、社会、自然等因素，最终选择4个具体指标作为苏锡常地区生态系统服务价值分区的依据（见表7-1），力求使所构建的指标体系更加符合苏锡常地区实际，能够综合、全面地描述苏锡常地区生态、经济和社会特点。

表7-1　苏锡常地区生态系统服务价值区划指标体系

指标	单位	描述	数据来源
生态系统服务价值增量	亿元/ha	2000—2010年各县（市、区）总生态系统服务价值增量	第4章
单位面积GDP增量	亿元/ha	2002—2010年各县（市、区）单位面积国内生产总值增量	2003年和2011年《苏州年鉴》《无锡年鉴》和《常州年鉴》
人口密度增量	万人/ha	2002—2010年各县（市、区）单位面积常住人口增量	2003年和2011年《苏州年鉴》《无锡年鉴》和《常州年鉴》
城市化扩张强度增量	无量纲	2000—2010年各县（市、区）单位面积年均城市建设用地面积增量	第3章

注：由于苏州市和无锡市在2000年之后行政区划发生了变化，故GDP和人口数据采用2002年的数据。

7.1.4　生态系统服务价值增量区划

7.1.4.1　聚类分析的内涵

聚类分析是研究分类的一种多元统计方法，它直接比较各事物之间的性质，将性质相近的归为一类，将性质差别较大的归入不同的类（禹洋春等，2015）。在聚类分析中，聚类要素的选择直接影响到分类结果的准确性和可靠性，尤其是在地理分类和分区研究中，被聚类的对象常常是由多个要素构成的，因此难免会存在分区指标数量过多、指标之间信息重复的问题，而且不同的指标数据往往具有不同的单位和量纲，其数值的变异可能是很大的，这必然会对分区结果产生影响。因此，本书在进行生态系统服务价值分区时，将聚类分析中的 Q 型聚类和 R 型聚类相结合使用，首先通过 R 型聚类分析，确定所选指标数据之间是否存在相关性，进而利用 Q 型聚类分析进行生态系统服务价值分区。

7.1.4.2 系统聚类方法

生态系统服务价值分区指标确定以后，即可进入聚类分析阶段，其过程主要分为数据标准化、构造关系矩阵、聚类分析和确定分类数两个步骤。

（1）数据标准化处理

根据表 7-1 的指标含义与数据来源，对分区指标进行赋值。不同指标的原始数据具有不同的单位和量纲，为避免对分类结果造成影响，在进行聚类分析之前，我们首先要对数据进行标准化处理，这里采取极差标准化的方法对数据进行标准化处理，使其处理后的变量值的范围在 0~1。计算公式如 7-1 所示：

$$X_{ik} = \frac{x_{ik} - \min x_{ik}}{\max x_{ik} - \min x_{ik}} \tag{7-1}$$

式中，X_{ij} 为标准化后的指标；X_{ik} 为原始数据，代表第 i 县（市、区）的第 k 个指标；$\min x_{ik}$ 和 $\max x_{ik}$ 分别为第 i 县（市、区）的第 k 个指标的最小值和最大值。

（2）聚类分析

聚类分析包括两个步骤，首先是变量聚类——R 型聚类，其次是个案聚类——Q 型聚类。在对 28 个县（市、区）的生态系统服务价值进行分区之前，我们要进行分区变量的筛选，确定选择的变量是否合适作为分区变量。所以，我们有必要对所选变量进行降维处理（采用的是 R 型聚类）。R 型聚类分析法是将变量归并为若干不同的类别以相关系数来表示，使得每一类别内的所有个体之间具有较密切的关系，而各类别之间的相互关系相对比较疏远的一种方法。我们通过 R 型聚类分析能够比较客观地描述分区对象的各个体之间的差异和联系（潘俊和冷特，2012）；通过标准化数据计算各变量之间的 Pearson 相关关系，列出相关系数矩阵。两变量之间的相关系数 R_{ij} 定义为：

$$R_{ij} = \frac{\sum_{k=1}^{m} (X_{ik} - X_i')(X_{jk} - X_j')}{\sqrt{\sum_{k=1}^{m} (X_{ik} - X_i')^2 \sum_{k=1}^{m} (X_{jk} - X_j')^2}} \tag{7-2}$$

式 7-2 中，X_i' 为第 i 个变量在个案中的平均值，X_j' 为第 j 个变量在个案中的平均值；m 为变量数。

在确定分区变量的基础上，我们进一步采用个案间关系的 Q 型聚类分析对研究区的 28 个县（市、区）的生态系统服务价值增量进行分区。R 型聚类是通过相关系数来表征变量之间的相似度，而 Q 型聚类是通过个案间的距离来表征个案之间的相似度，距离越近，个案特征越相似。本书中的 Q 型聚类分析采用欧氏距离法作为个案间相似程度大小的衡量标准，即：

$$D_{ij} = \sqrt{\frac{\sum_{k=1}^{n} (X_{ik} - X_{jk})^2}{n}} \tag{7-3}$$

式 7-2 中，D_{ij} 为 i 县（市、区）和 j 县（市、区）之间的距离；n 为县（市、区）的数量。

7.1.5 空间热点分析

对地理问题的影响，常常导致误差服从正态分布假设的回归模型的无效，同时一些全局性的统计分析方法不能直接应用于空间建模。本书采用局部自相关分析方法——热点分析方法找出各个分区中的生态系统服务价值增量的最佳区域，为相关政府部门更有效地利用和保护生态系统提供科学依据。

热点分析是根据在一定的分析规模内的所有要素，计算每个要素的 Getis-Ord G_i* 统计值，得到每个要素的 z 得分和 p 值（杨晓明 等，2014）。某个区域要成为热点必须是其要素值为高值，并被其他高值的要素包围，具有统计学上的显著性热点。我们通过热点分析可得知生态系统服务价值增量的高值或者低值在空间上发生聚类的位置。Getis-Ord G_i* 局部统计可表示为：

$$G_i^* = \frac{\sum_{j=1}^{n} w_{ij} x_j - \bar{X} \sum_{j=1}^{n} w_{ij}}{S \sqrt{\frac{n \sum_{j=1}^{n} w_{ij}^2 - (\sum_{j=1}^{n} w_{ij})^2}{n-1}}} \tag{7-4}$$

式 7-4 中，x_j 是要素 j 的属性值，w_{ij} 表示要素 i 和 j 之间的空间权重（相邻为 1，不相邻为 0)，n 是样本点总数。$\bar{X}$ 为均值，S 为标准差，G_i* 统计结果是 z 得分。如果 z 得分值为+1.5，表示结果是 1.5 倍标准差。统计学上的显著性正 z 得分表示热点，z 得分越高，表示热点聚集就越紧密；负值表示冷点，z 得分越低，表示冷点聚集就越紧密。

7.2 生态系统服务价值分区结果

7.2.1 分区指标

从表 7-2 我们可以看出，2000—2010 年，苏锡常地区 28 个县（市、区）的单位面积 GDP 增量均为正数，表明 10 年期间单位面积 GDP 呈增加趋势，增加最多的地区为崇安区，增加量达到 16.46 亿元/km^2。单位面积 GDP 增量较小（<2.0 亿元/km^2）的地区主要集中在研究区的外围地区，包括金坛市、溧阳市、吴江市、太仓市和常熟市，其中溧阳市的单位面积 GDP 增加量最小，仅为 0.21 亿元/ha。

从表 7-2 我们可以看出，2000—2010 年，在苏锡常地区 28 个县（市、区）中，人口密度降低的区域包括溧阳市、崇安区、吴江市、常熟市和太仓市，其增量均为负数，其中减少最多的地区为崇安区，减少量达到 0.094 万人/km^2。人口密度增加较多（>0.10 万人/km^2）的区域为钟楼区、北塘区、南长区和沧浪区，其中南长区的单位面积人口增加量最多，为 0.570 万人/km^2。

从表 7-2 的各县市城市扩展强度变化量我们可以看出，2000—2010 年，研究区域城市扩张程度呈上升的趋势，其中无锡新区和苏州工业园区为城市扩张最快的区域，其城市扩展强度增量分别为 0.035 和 0.043。苏州高新区、昆山市、钟楼区和戚墅堰区的城市扩张程度也较高，其城市扩展强度增量分别为 0.024、0.025、0.026 和 0.027。研究区域的西部和北部具有较低的城市扩展强度增量，其中扩展强度无变化的是苏州市的中心城区（金阊区、平江区和沧浪区），其城市扩展强度增量均为 0。这是由于 2000 年苏州市的中心城区的土地利用类型主要为建设用地，仅有 0.02%的农业用地，至 2010 年，农业用地全部转换为建设用地。因此，2000—2010 年苏州市的中心城区的城市扩展强度变化量很小（见图 7-1）。

表 7-2　2000—2010 年苏锡常地区生态系统服务价值分区指标增量

县（市、区）	单位面积 GDP 增量 /亿元/km^2	人口密度增量 /万人/km^2	城市化扩张强度增量	生态系统服务价值增量 /亿元/ha
沧浪区	6.09	0.202	0.000	0.000
平江区	4.98	0.069	0.000	0.000
金阊区	2.53	0.007	0.000	0.000
吴中区	0.63	0.015	0.006	19.117
相城区	0.57	0.005	0.018	5.014
苏州高新区	2.74	0.061	0.024	0.110
苏州工业园区	3.74	0.050	0.043	-3.111
常熟市	0.82	-0.010	0.014	13.479
张家港市	1.56	0.005	0.013	8.452
昆山市	1.89	0.006	0.025	10.543
吴江市	0.62	-0.009	0.012	10.414
太仓市	0.61	-0.015	0.019	4.357
锡山区	0.67	0.010	0.018	1.766
惠山区	0.90	0.015	0.019	1.359
滨湖区	0.52	0.029	0.007	5.234
崇安区	16.46	-0.094	0.018	-0.083
南长区	5.75	0.570	0.018	-0.127
北塘区	4.42	0.299	0.019	-0.298
无锡新区	3.06	0.018	0.035	-0.519
江阴市	1.62	0.006	0.015	5.494
宜兴市	0.29	0.001	0.005	19.495
武进区	0.72	0.051	0.011	9.377
新北区	0.94	0.049	0.019	2.433
天宁区	3.79	0.054	0.017	-0.207
钟楼区	3.46	0.436	0.026	-0.270
戚墅堰区	1.94	0.076	0.027	-0.062

表 7-2(续)

县 (市、区)	单位面积 GDP 增量 /亿元/km^2	人口密度增量 /万人/km^2	城市化扩张 强度增量	生态系统服务 价值增量 /亿元/ha
金坛市	0.23	0.001	0.003	12.391
溧阳市	0.21	-0.002	0.003	19.954

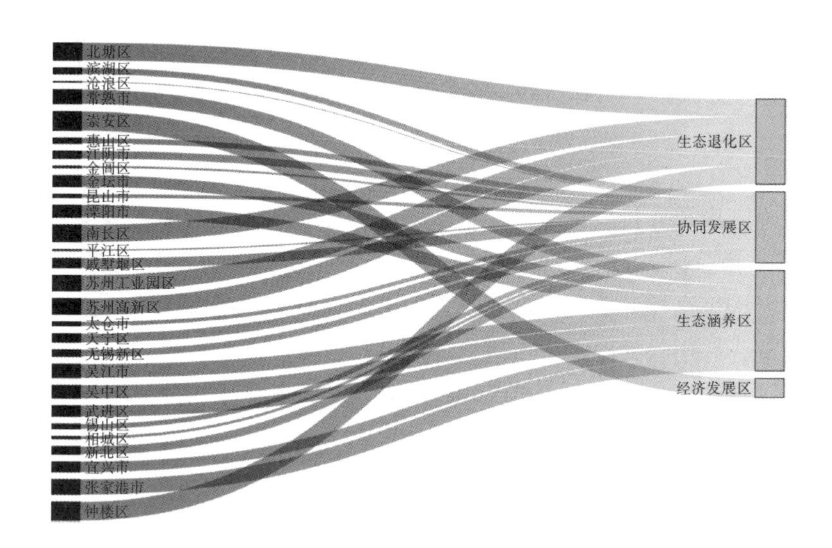

图 7-1　苏锡常地区生态系统服务价值增量区划

7.2.2　分区结果

本书根据以上建立的分区指标体系，利用聚类分析方法，运用 SPSS 18.0 统计分析软件，对苏锡常地区生态系统服务价值分区采集的样本数据进行反复计算、分析和比较，最终采用系统聚类分析模块中的 R 型聚类和 Q 型聚类进行分析。

7.2.2.1　R 型聚类分析

由于分区指标中可能存在相关性、重复性，并不是所有指标都有必要纳入作为分区变量，所以，我们有必要对 4 个变量进行降维处理，这里采用 SPSS 18.0 中的 R 型聚类（变量聚类）。其输出的“相似性矩阵”有助于理解降维的过程。从表 7-3 可知，4 个变量的相关系数最大值为 0.480，表明其相互之间相关性较小，相互重叠的部分较少，因此，本书确定用于聚类分析的变量为：单位面积 GDP 增量、人口密度增量、城市扩展强度增量和生态系统服务价值增量。

表 7-3　分区指标相似性矩阵

指标	单位面积GDP	人口密度	城市扩展强度	生态系统服务价值
单位面积 GDP	1.000	0.174	0.120	-0.480
人口密度	0.174	1.000	0.133	-0.357
城市扩展强度	0.120	0.133	1.000	-0.476
生态系统服务价值	-0.480	-0.357	-0.476	1.000

7.2.2.2　Q 型聚类分析

在确定聚类分析变量基础上，本书利用 Q 型聚类分析（个案聚类）对 28 个县（市、区）进行聚类。由于开始不确定应该分为几类，我们暂时用 3~5 类范围来试探。Q 型聚类要求量纲相同，所以我们需要对数据进行标准化处理，并用欧式距离平方进行测度。

为了得到更加科学、合理和符合苏锡常地区实际的分类，结合 SPSS 的均值分析，本书比较了不同分区下的各个指标的特点（见表 7-4），邀请环境学相关学者、熟悉太湖情况的太湖水污染防治办公室的专家座谈，请专家提意见，对聚类分析结果进行微调，最终将苏锡常地区生态系统服务价值增量分为四个区，Ⅰ区为协同发展区，包含 14 个县（市、区）；Ⅱ区为生态涵养区，包括 8 个县（市、区）；Ⅲ区为生态退化区，包括 5 个县（市、区）；Ⅳ区为经济发展区，包括 1 个区（崇安区）（见图 7-2）。

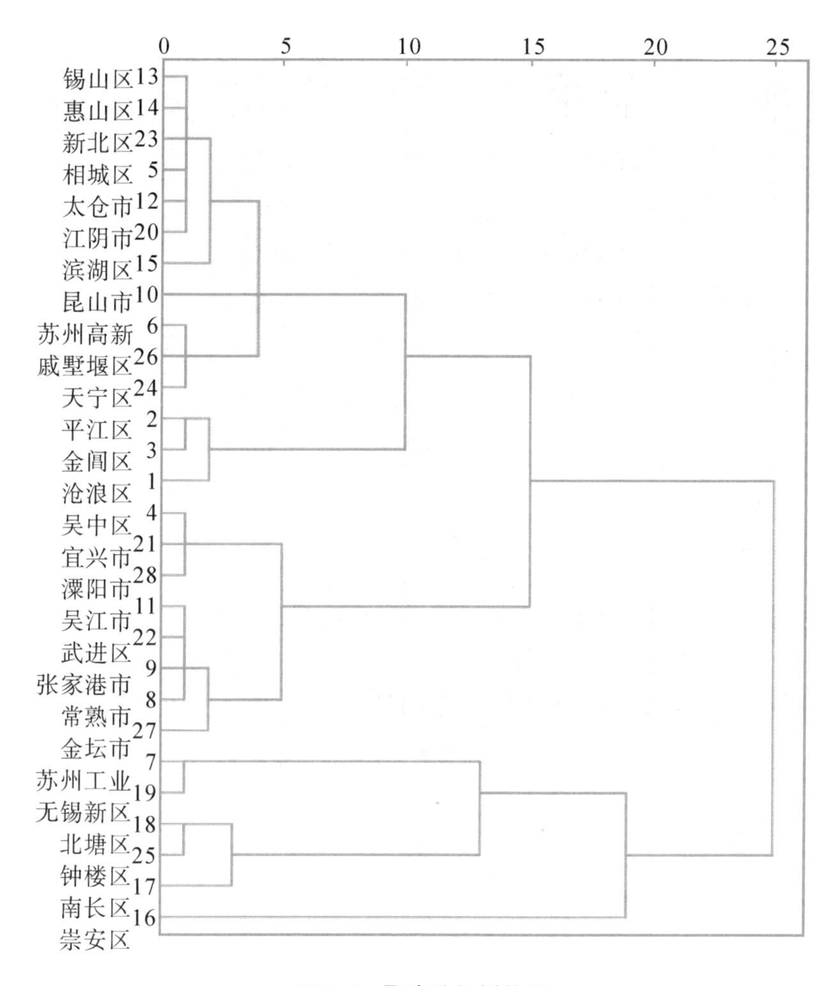

图 7-2　聚类分析树状图

表 7-4　区划指标数据统计

分区		单位面积 GDP 增量	人口密度增量	城市扩展强度增量	生态系统服务价值增量
Ⅰ区	均值	2.128	0.041	0.015	2.574
	样本数	14	14	14	14
	标准差	1.751	0.054	0.009	3.175

表7-4（续）

分区		单位面积GDP 增量	人口密度增量	城市扩展强度增量	生态系统服务价值增量
Ⅱ区	均值	0. 635	0. 007	0. 008	14. 085
	样本数	8	8	8	8
	标准差	0. 441	0. 020	0. 005	4. 776
Ⅲ区	均值	4. 086	0. 275	0. 028	-0. 865
	样本数	5	5	5	5
	标准差	1. 054	0. 240	0. 011	1. 263
Ⅳ区	均值	16. 460	-0. 094	0. 018	-0. 083
	样本数	1	1	1	1
	标准差	-	-	-	-

统计四个分区的 8 类生态系统服务单位面积价值变化量（见表 7-5）。由于各个分区的变化量差异较大，因此，将变化量进行数据标准化后得到 4 个分区中 8 种生态系统服务价值增量的雷达分布图（见图 7-3）。

表 7-5　生态系统服务单位面积价值变化量统计

生态系统服务类型	价值增量/元/ha	分区			
		Ⅰ区	Ⅱ区	Ⅲ区	Ⅳ区
物质供给	物质生产	4 155. 07	9 448. 69	-609. 19	-1 200. 43
调节服务	气体调节	-115. 75	-42. 09	-320. 40	-254. 03
	固碳	-773. 29	-876. 90	-944. 93	-622. 09
	水文调节	257. 78	642. 97	-1 714. 58	-1 242. 40
	废物处理	82. 96	496. 22	-1 833. 27	-1 278. 45
文化服务	游憩休闲	84. 20	186. 49	-453. 98	-341. 67
支持服务	土壤保持	-83. 10	121. 15	-273. 23	-332. 17
	生物多样性	-125. 85	15. 37	-620. 01	-459. 44
总计		3 482. 02	9 991. 9	-6 769. 59	-5 730. 68
区域类型		生态系统服务输出区		生态系统服务输入区	

（1）Ⅰ区——生态经济协同发展区

该区域包括14个县（市、区），分别为沧浪区、平江区、金阊区、惠山区、苏州高新区、锡山区、相城区、新北区、戚墅堰区、天宁区、江阴市、滨湖区、太仓市和昆山市，主要位于研究区域的北部、中部和东部，其土地利用类型以耕地和建设用地为主。2000—2010年，尽管由于城市建设用地的扩张，该区域的单位面积GDP、人口密度均出现上升的趋势，但政府投入了大量资金来修复该区域的生态环境，如实施退耕还湿项目，建设国家湿地公园等，使得生态系统服务价值在10年间呈增加的趋势。

从生态系统服务价值增量雷达上相关内容，与其他分区相比，该区2000—2010年增量占主导作用的生态系统服务价值是物质生产，呈增长趋势，调节服务和支持服务的价值呈下降趋势。但与其他区域相比，该区域生态系统服务价值的减少量是最小的。从热点分析来看，与其他分区相比，该区域服务类型构成最均衡，除了物质生产、气体调节和土壤保持价值，其余服务价值热点在该区域均有分布，几乎全部的固碳价值的热点区都分布在此区域。因此，该区域应当加大退耕还湿政策的实施力度，在强化固碳价值、生物多样性服务、水文调节的同时，增加物质生产、土壤保持和气体调节。

（2）Ⅱ区——生态涵养区

该区域包括8个县（市、区），分别为吴中区、吴江市、常熟市、张家港市、宜兴市、武进区、金坛市和溧阳市，主要分布于研究区域的北部、西部和南部，其土地利用类型以耕地和湿地为主，研究区的大部分林地分布在此区域。与其他分区相比，该区域的单位面积GDP、人口密度和城市扩展强度增加量最小，而生态系统服务价值增加量最多（见表7-4），表明该区域是以牺牲城市发展为代价来增加生态系统服务，是典型的生态系统服务输出型区域。

从生态系统服务价值分布雷达图来看（见图7-3），与Ⅰ区相似，该区2000—2010年占主导作用的生态系统服务价值是物质生产，呈增长趋势，且增加量是四个分区中最高的，而气体调节与固碳价值呈下降趋势。从热点分析来看，除固碳价值以外，其余生态系统服务价值增量的热点区均分布在此区域，其中全部物质生产和土壤保持价值的热点区都分布在此区域。由于整个太湖湖体分布在这个区域，因此，该区域应当加大湿地保护措施的实施力度，增加废物处理、生物多样性、水文调节、游憩休闲和固碳价值。

（3）Ⅲ区——生态退化区

该区域包括 5 个县（市、区），分别为钟楼区、无锡新区、北塘区、南长区和苏州高新区，主要分布于研究区域的中部、北部和东部，其土地利用类型以建设用地为主。与其他分区相比，该区域在单位面积 GDP、人口密度和城市扩展强度增加的同时，生态系统服务价值降低最多（见表 7-4），表明该区域是以生态环境为代价来增加经济产量的，是典型的生态系统服务输入型区域。

从生态系统服务价值分布雷达图来看（见图 7-3），该区 2000—2010 年占主导作用的生态系统服务价值是土壤保持和气体调节，与其余生态系统服务价值相比，减少量较少，而水文调节与废物处理价值减少较多。从热点分析来看，除了固碳价值增量的热点区分布在此区，其余服务价值增量的热点均未有分布。因此，该区域应当控制建设用地的扩展，在生态系统建设和修复时首先应该增加水文调节与废物处理服务。

（4）Ⅳ区——经济发展区

该区域只有一个区即崇安区，其土地利用类型以建设用地为主，占总面积的 92.36%。2000—2010 年，与其他分区相比，该区域在人口密度降低，生态系统服务价值降低的同时，单位面积 GDP 增加最多，增加了 16.460 亿元/km^2（见表 7-4），表明该区域是以生态环境为代价来快速增加经济产量的，是典型的生态系统服务输入型区域。

从生态系统服务价值分布雷达图来看（见图 7-3），该区 2000—2010 年占主导作用的生态系统服务价值是气体调节，而物质生产、水文调节和废物处理价值减少较多。从热点分析来看，只有固碳价值增量的热点区分布在该区域。因此，该区域应当控制建设用地的扩展，增加湿地比例，在保证固碳价值增加的情况下，努力提高其他几种生态系统服务价值的比例，特别是物质生产、水文调节和废物处理价值。

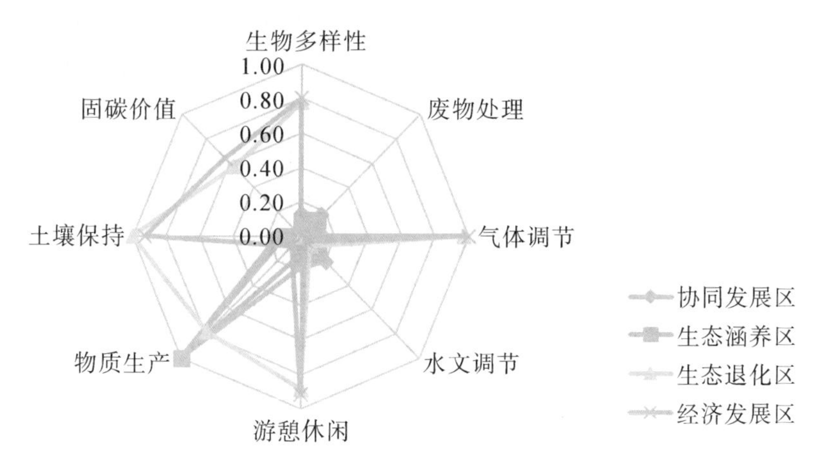

图 7-3　生态系统服务价值增量雷达图

7.2.3　与已有区划比较

根据《江苏省生态红线区域保护规划》（苏政发［2013］113 号）："生态红线区域实行分级管理，划分为一级管控区和二级管控区，一级管控区是生态红线的核心，实行最严格的管控措施，严禁一切与保护主导生态功能无关的开发建设活动；二级管控区以生态保护为重点，实行差别化的管控措施，严禁有损主导生态功能的开发建设活动。"

江苏省的生态红线一级和二级管控区基本都在本书划分的协同发展区和生态涵养区中。协同发展区和生态涵养区的生态系统服务价值增量为正，为生态系统服务输出区（见表 7-5），应该加大生态保护和管控的力度。特别是一级管控区大部分位于生态涵养区，是生态红线的核心区域，应实行最严格的管控措施，以保证生态系统服务的可持续性输出。由此可见，本书依据生态系统服务价值增量及人口、经济、社会因素划分的区域符合现实需求，能较好的与现有保护区划相衔接，具有一定的科学性。

7.3　生态系统服务价值时空权衡

7.3.1　生态系统服务价值空间权衡分析

从表 7-6 我们可以看出，生态系统服务价值增量之间在空间上存在明显的权衡和协同作用。为了进一步定量分析 8 种生态系统服务价值增量之间的权衡和协同关系，本书采用相关性分析计算 8 种服务价值变化量的相关性系数矩阵，结果如表 7-6 所示。

从表 7-6 中的统计结果可知，生物多样性价值增量除了与土壤保持之间存在微弱的负相关以外，与其他价值增量之间均存在正相关，其中与废物处理、气体调节、水文调节、游憩休闲之间存在极显著正相关（$P<0.01$）。废物处理、水文调节和游憩休闲价值增量均与固碳价值增量之间存在负相关，其中水文调节和游憩休闲价值增量均与固碳价值增量之间存在极显著负相关（$P<0.01$）。气体调节价值增量与物质生产和土壤保持价值之间存在微弱的负相关。物质生产价值增量与废物处理、水文调节和游憩休闲之间存在显著正相关（$P<0.05$），而与固碳价值增量之间存在极显著负相关（$P<0.01$）。土壤保持价值增量与其余价值之间均存在不显著的正相关性。

表 7-6　生态系统服务价值增量的相关系数

	生物多样性	废物处理	气体调节	水文调节	游憩休闲	物质生产	土壤保持	固碳
生物多样性	1.000	0.826**	0.865**	0.663**	0.620**	0.022	-0.027	0.070
废物处理	0.826**	1.000	0.560**	0.945**	0.905**	0.379*	0.204	-0.306
气体调节	0.865**	0.560**	1.000	0.367	0.321	-0.264	-0.036	0.396*
水文调节	0.663**	0.945**	0.367	1.000	0.985**	0.542**	0.252	-0.479**
游憩休闲	0.620**	0.905**	0.321	0.985**	1.000	0.610**	0.257	-0.533**
物质生产	0.022	0.379*	-0.264	0.542**	0.610**	1.000	0.173	-0.874**
土壤保持	-.027	0.204	-0.036	0.252	0.257	0.173	1.000	-0.163
固碳	0.070	-0.306	0.396*	-0.479**	-0.533**	-0.874**	-0.163	1.000

注：* 表示 $P<0.05$，相关性是显著的；** 表示 $P<0.01$，相关性是极显著的。

这一结果也表明，食物供给价值增量较多的地区，其碳储存增量、气体调节增量较少，游憩休闲和水文调节价值增量较多；而碳储存价值增量较多的地区，气体调节能力变强、物种变丰富，而食物供给价值增量较少。由此可以得出，在苏锡常地区，物质生产价值增量与固碳价值增量之间存在着较强的权衡关系，与水文调节、废物处理、游憩休闲价值增量之间存在着较强的协同关系，而与生物多样性、土壤保持价值增量之间存在着较弱的协同关系。从 8 个生态系统服务价值增量的热点区分布也可以看出，物质生产价值和土壤保持价值的热点区均分布在宜兴市，物质生产价值和气体调节、水文调节、废物处理、游憩休闲和生物多样性价值增量的热点区均分布在溧阳市和金坛市，它们之间存在着不同程度的空间协同关系，而水文调节、固碳、废物处理、游憩休闲和生物多样性价值的热点区还分布在研究区域的中部和东部，与热点区分布在西部的物质生产和土壤保持价值存在着空间权衡关系。

7.3.2 不同情景下生态系统服务价值权衡分析

7.3.2.1 情景设置

情景设置是对未来的描述，鉴于未来的不确定性与现实决策的需要，情景分析被广泛地应用于生态系统服务的权衡分析中（Acreman et al., 2011; Butler et al., 2013; Sanon et al., 2012; 葛菁 等，2012）。本书采用第4章的研究成果，参照修正法，以苏锡常地区2010年的生态系统服务价值的估算结果作为基准年，结合研究区城市扩张特点和农用地保护的特点，1995—2010年，湿地转入指数见表5-9，以及根据《苏州市土地利用总体规划》《无锡市土地利用总体规划》和《常州市土地利用总体规划》，到2020年农用地只能比2010年下降1.85%、建设用地增加9%，制定了2020年的6个发展保护情景（见表7-7）。对于每个情景的具体描述如下：

情景1：生态保护情景。三市的土地利用总体规划明确指出，到2020年农用地只能比2010年下降1.85%。根据2010年遥感数据中的农业用地面积可以得出到2020年农业用地只能减少13 696 ha。生态保护情景是假设在未来城市建设用地不扩张的情况下，按照土地利用总体规划进行湿地保护，利用ArcGIS的缓冲区工具，设置湿地缓冲区为20 m，与湿地边界相邻20 m范围内的农业用地（约为13 696 ha）全部转化为湿地。

情景2：高强度生态保护情景。假设在未来城市建设用地不扩张的情况下，加大湿地保护，利用ArcGIS的缓冲区工具，设置湿地缓冲区为50 m，与湿地边界相邻50 m范围内的农业用地全部转化为湿地。

情景3：城市发展情景。根据三市的土地利用总体规划明确指出，2020年的建设用地面积在2010年基础上只能增加9%（39 086.25 ha）。城市发展情景是指假设在未来生态用地面积不变的情况下，按照土地利用总体规划进行城市扩展，利用ArcGIS的缓冲区工具，设置建设用地缓冲区为20 m，与建设用地边界相邻20 m范围内的其他用地全部转化为建设用地。

情景4：高强度城市发展情景。假设在未来生态用地面积不变的情况下，大力推进城市扩展，利用 ArcGIS 的缓冲区工具，设置建设用地缓冲区为 50 m，与建设用地边界相邻 50 m 范围内的其他用地全部转化为建设用地。

情景 5：发展与保护兼顾情景。该情景是指建设用地面积在 2010 年基础上增加 9%的同时，而减少的 13 696 ha 的农业用地全部转换为湿地，即利用 ArcGIS 的缓冲区工具，分别设置建设用地缓冲区为 20 m 和湿地缓冲区为 20 m。

情景 6：发展优于保护情景。该情景是指建设用地面积在 2010 年基础上增加超过 9%的同时，而减少的 13 696 ha 的农业用地全部转换为湿地，即利用 ArcGIS 的缓冲区工具，分别设置建设用地缓冲区为 50 m 和湿地缓冲区为 20 m。

情景 7：保护优于发展情景。该情景是指建设用地面积在 2010 年基础上增加 9%的同时，而减少多于 1.85%的农业用地全部转换为湿地，即利用 ArcGIS 的缓冲区工具，分别设置建设用地缓冲区为 20 m 和湿地缓冲区为 50 m。

表 7-7　苏锡常地区土地利用变化情景设置

情景序号	情景名称	情景描述
情景 1	生态保护情景	湿地缓冲区为 20 m，与湿地边界相邻 20 m 范围内的农业用地全部转化为湿地
情景 2	高强度生态保护情景	设置湿地缓冲区为 50 m，与湿地边界相邻 50 m 范围内的农业用地全部转化为湿地。
情景 3	城市发展情景	设置建设用地缓冲区为 20 m，与建设用地边界相邻 20 m 范围内的其他用地全部转化为建设用地。
情景 4	高强度城市发展情景	设置建设用地缓冲区为 50 m，与建设用地边界相邻 50 m 范围内的其他用地全部转化为建设用地。
情景 5	发展与保护兼顾情景	分别设置建设用地缓冲区为 20 m 和湿地缓冲区为 20 m。
情景 6	发展优于保护情景	分别设置建设用地缓冲区为 50 m 和湿地缓冲区为 20 m
情景 7	保护优于发展情景	分别设置建设用地缓冲区为 20 m 和湿地缓冲区为 50 m

7.3.2.2　情景模拟

按照第 4 章对苏锡常地区生态系统服务价值的估算方法，本书对 2010—2020 年的 8 种生态系统服务价值增量进行了模拟，不同情景下的各项生态系统服务价值增量见表 7-8 和图 7-4。

在这 7 种情景中，高强度生态保护情景产生的生态系统服务价值增量和单位生态系统服务价值增量最多，而发展优于保护情景的生态系统服务价值增量和单位生态系统服务价值增量最少。随着生态保护强度的增加，区域内产生的生态系统服务价值增量随之增加；而随着城市建设用地扩展强度的增加，产生的生态系统服务价值增量随之减少。这是由于在生态保护情景下，尽管湿地占用了部分农业用地，但是湿地的单位面积生态系统服务价值是高于农业用地的，使得生态保护情景下总的生态系统服务价值增量是增加的，而建设用地在扩张的同时占用各种类型的土地，新增的建设用地生态系统服务价值为 0，使得城市发展情景下生态系统服务价值增量是减少的。

表 7-8　不同情景下的生态系统服务价值增量 单位：亿元/年

情景	土壤保持	生物多样性	废物处理	物质生产	气体调节	气候调节	水文调节	游憩休闲	总 ESV 增量
情景 1	0.02	0.14	0.65	0.00	0.05	0.34	0.73	0.21	2.15
情景 2	0.13	0.86	3.94	0.01	0.31	2.07	4.45	1.27	13.05
情景 3	-0.10	-0.10	-0.23	-0.09	-0.07	-0.14	-0.22	-0.06	-1.02
情景 4	-0.26	-0.26	-0.59	-0.24	-0.17	-0.37	-0.55	-0.16	-2.59
情景 5	-0.08	0.04	0.41	-0.09	-0.01	0.19	0.51	0.14	1.10
情景 6	-0.24	-0.13	0.04	-0.23	-0.12	-0.04	0.15	0.05	-0.53
情景 7	-0.05	0.25	1.39	-0.09	0.06	0.71	1.61	0.46	4.34

注：ESV 为生态系统服务价值。

7.3.2.3　不同分区下的生态系统服务价值权衡

尽管从这个区域上来看，高强度生态保护情景产生的生态系统服务价值增量是最多的，但现实中国家有耕地红线控制，并不是所有农业用地都能转换为湿地。因此，为了探索更加合理的未来发展模式，本书在分析了不同情景下单位面积生态系统服务价值增量的基础上，进一步分析不同区划下的单位面积生态系统服务价值增量的权衡关系。

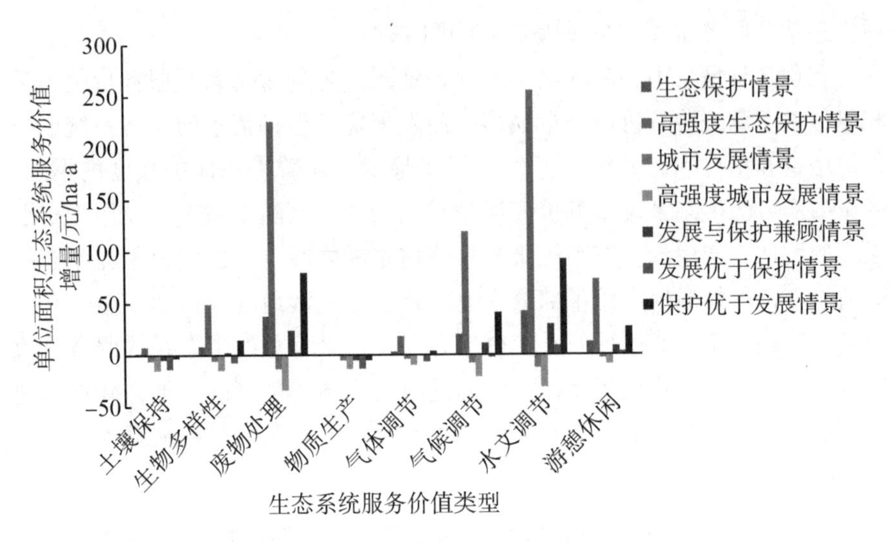

图 7-4　不同情景下的单位面积生态系统服务价值增量

从图 7-5 我们可以看出，不同情景下各分区生态系统服务价值变化较大。生态保护情景下水文调节价值和废物处理价值增量较多，而土壤保持和气体调节价值增量较少；城市发展情景与生态保护情景恰好相反。这说明湿地面积的增加主要引起水文调节和废物处理价值增加，而建设用地面积增加主要引起土壤保持和气体调节价值的增加。从雷达分布图（见图 7-5）可以看出，在 7 个情景下，保护与发展兼顾情景最优，各个分区下生态系统服务价值增量最均衡，达到各生态系统服务价值增量之间权衡关系最弱、协同关系最大化的状态。同时，这个情景也与苏锡常地区的土地利用总体规划一致，说明该情景具有一定的现实性和合理性。

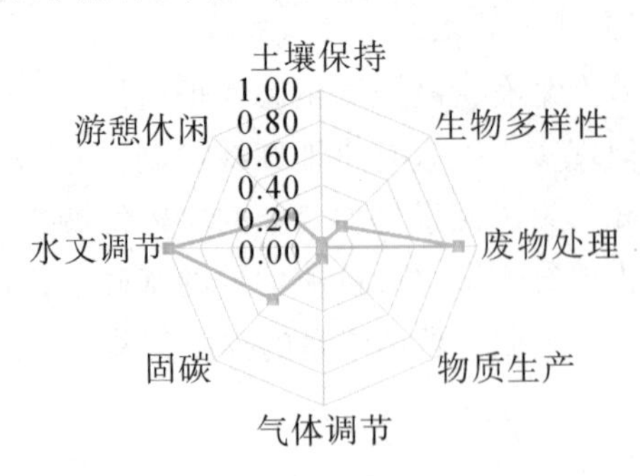

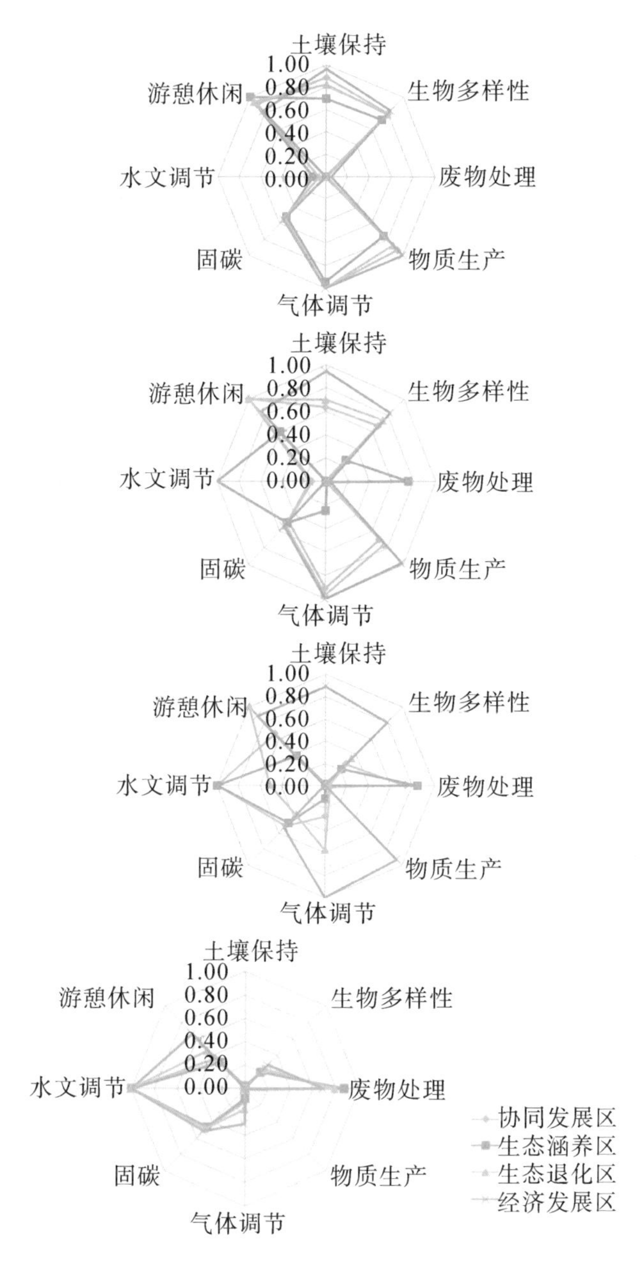

图 7-5　不同分区的单位面积生态系统服务价值增量权衡

7.4 本章小结

在对苏锡常地区的生态系统服务价值估算的基础上，本书利用 ArcGIS 的空间分析工具、聚类分析和情景分析等，进行研究区生态系统服务价值增量的区划与空间权衡分析，得出如下结论：

（1）结合 2000—2010 年生态系统服务价值增量、单位面积 GDP 增量、人口密度增量和城市扩展强度增量，利用系统聚类分析将研究区分为四个区，分别为协同发展区、生态涵养区、生态退化区和经济发展区。其中前两个区的生态系统服务价值增量为正，生态系统服务输出区——生态系统服务提供区，主导服务为物质生产；后两个区的生态系统服务价值增量为负，生态系统服务输入区——生态系统服务消耗区，主导服务为气体调节。我们将区划结果与现有生态红线区划相比较，生态红线管控区与本书中的生态系统服务输出区基本一致，表明本书制定的生态系统服务价值增量区划能较好地与现有保护区划相衔接，具有一定的科学性。

（2）本书定量分析各生态系统服务价值增量的权衡和协同关系，得出气体调节价值与生物多样性、废物处理和固碳价值之间存在着极显著正相关关系；物质生产价值与土壤保持、固碳价值和气体调节之间存在极显著负相关关系。我们通过情景分析得出，高强度生态保护情景产生的生态系统服务价值增量最多，而发展优于保护情景的生态系统服务价值增量最少。从各个分区上来看，保护与发展兼顾情景最优，各分区下 8 种生态系统服务价值增量最均衡。同时，该情景也与苏锡常地区的土地利用总体规划一致，具有一定的现实性和合理性。

8　差异化补偿标准研究

区域生态保护是一项长期而艰巨的工作。一方面，由于目前的生态保护经费主要由政府承担，这无疑给政府造成了较大的财政负担。另一方面，由于不同区域的生态保护力度和结果均不一致，而生态补偿标准并未体现差异化，这就导致了生态补偿资金的低效使用，存在“补偿过剩”和“补偿不足”的现象。在中国，长期以来环境资源提供的生态系统服务被视为“公共商品”，这将不可避免地导致“公共地悲剧”和“搭便车”现象的出现（Xu et al.，2003）。随着人们生活质量的不断提高和收入水平的逐渐增加，公众的环保意识也有所提高，生态补偿标准的制定迫切需要结合公众对区域生态保护的支付意愿。因此，本章在生态系统服务价值增量区划和情景分析的基础上，结合机会成本、直接成本和公众支付意愿等方面计算不同分区下的生态补偿标准，为政府和有关部门制定区域生态补偿标准提供依据。

8.1　研究方法

8.1.1　研究思路和框架

根据前文的区划结果我们得到 4 个分区，其中协同发展区和生态涵养区为生态系统服务输出区，而生态退化区和经济发展区为生态系统服务输入区。对不同区域的生态补偿标准应该遵循“谁受益谁补偿、谁保护谁受偿”的原则，体现区域差异性。生态系统服务输出区由于生态保护，增加了区域生态系统服务价值，却损失了发展经济的机会，应该得到相应的补偿；而生态系统服务输入区以牺牲环境来发展经济，使得区域生态系统服务价值降低，应该支付相应的环境损害费用。因此，生态系统服务输出区的补偿标准应考虑评价期限内的生态系统服务增量、生态建设的直接成本、机会成本等；生态系统服务输入区的补偿标准除了应考虑生态系统服务价值增量以外，还应该考虑该区域的生态补偿能力，如公众支付意愿（见图 8-1）。

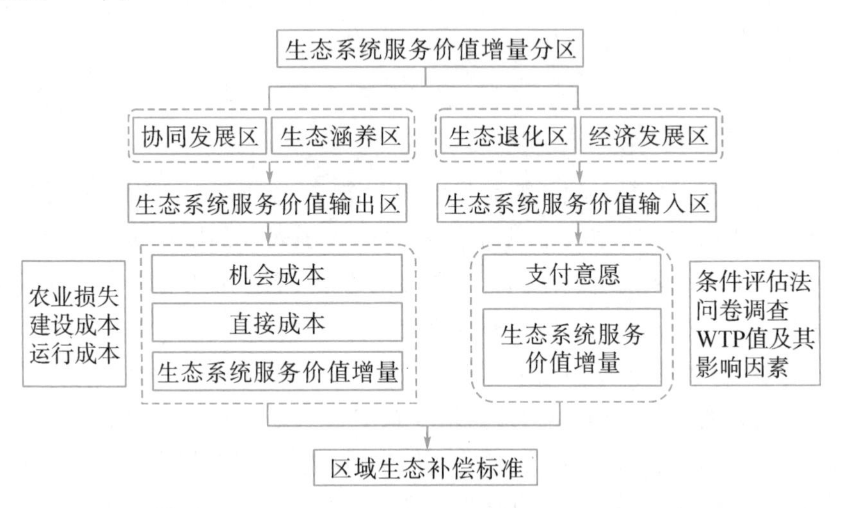

图 8-1　生态补偿标准研究框架

8.1.2　生态系统服务输出区补偿标准核算

8.1.2.1　机会成本法

机会成本法是指根据供给方由于提供生态系统产品或者服务而不得不放弃的利益（比如土地利用方式的改变）来确定补偿标准，是一种应用较广的方法（Asquith et al.，2008；李屹峰 等，2013）。我们在运用机会成本法时，不同载体上的核算结果存在一定差异，选取合适的载体来核算生态系统服务输出区所放弃的最大利益是重点。目前，运用较多的载体核算方法有农业产值的机会成本法、地区发展差异的机会成本法等（孔凡斌，2010；Zheng et al.，2013）。就苏锡常地区的生态保护实践而言，其主要是农业用地转为湿地的过程，本书采用农业产值损失值来代表生态系统服务输出区的机会成本。公式如 8-1 所示：

$$C_{i,\ \mathrm{opp}} = Y_i \times S_i \times P/10^4 \tag{8-1}$$

式中，$C_{i,\ \mathrm{opp}}$ 为第 i 个生态系统服务输出区的机会成本（万元/年）；Y_i 为第 i 个生态系统服务输出区的粮食单产（kg/ha）；S_i 为第 i 个生态系统服务输出区的评价期间每年农业用地转换为湿地的平均面积（ha/年）；P 代表粮食的平均市场价格（元/kg）。

8.1.2.2 直接成本

直接成本是指为生态建设所投入的费用，包括建设成本和日常运行成本。本书选择湿地修复工程的建设成本和维护成本作为苏锡常地区生态建设的直接成本。根据协同发展区和生态涵养区的10个典型湿地修复工程统计每个分区的平均单位面积湿地建设和运行成本。计算公式如8-2所示：

$$C_{i,\ cm} = (C_{i,\ con} + C_{i,\ man}) \times S_W \tag{8-2}$$

式中，$C_{i,cm}$为第 i 个生态系统服务输出区的直接成本（亿元/年）；$C_{i,con}$为第 i 个生态系统服务输出区的平均单位面积建设成本（亿元/ha·a）；$C_{i,man}$为第 i 个生态系统服务输出区的平均单位面积日常运行管理成本（亿元/ha·a）；S_W 为评价期间湿地增加的面积（ha）。

8.1.2.3 年价值

本章中建设成本和运行管理成本均用年价值来表示。湿地修复工程的管理成本通常是以年价值来表示，而建设成本则是一次性支付。因此，本书利用以下公式8-3将一次性支付值转换为20年年价值：

$$P = \frac{L(1 + r)^n r}{(1 + r)^n - 1} \tag{8-3}$$

其中，P 为效益和成本的年价值（亿元/年）；L 为一次性支付值（亿元）；r 为贴现率，取0.05；n 为湿地修复工程的年限，取20年。

8.1.3 生态补偿服务输入区补偿标准核算

8.1.3.1 条件价值评估法

条件价值评估法（CVM）是一种确定消费者对一个特定的环境商品的支付意愿（WTP）的有效方法（Lantz et al.，2013）。它是在缺乏真实的市场数据，甚至也无法通过间接地观察市场行为来赋予环境资源以价值时，依靠建立一个假想的市场，直接调查和询问人们对某一环境效益提高或资源保护的措施的支付意愿（WTP），或者对环境或资源质量损失的接受赔偿意愿（WTA），以人们的WTP或WTA来估计环境效益提高或环境质量损失的经济价值（张翼飞，2008）。

自1963年美国哈佛大学的Davis教授（1963）首次应用此方法评价美国缅因州林地宿营、狩猎的娱乐价值，该方法在国外得到了广泛的发展。

1984 年，美国加州大学的 Hanemann 建立了 CVM 与随机效用最大化原理的有效联系，为 CVM 奠定了经典经济学基础。1993 年美国大气与海洋局（NOAA）两位诺贝尔经济学获奖者 Arrow 和 Solow 负责的“蓝带小组”就 CVM 调查问卷设计与研究提出了著名的 15 条原则，如为了使 CVM 研究结果尽可能可靠，WTP 的问题格式应使用投票表决方法（referendum approach）而不是开放式问题格式；调查应采用面对面（或电话）调查方式而不用邮寄问卷的调查方式（Loomis & Walsh，1997；Arrow et al.，1993）。随着 CVM 方法的发展，其最大支付意愿的引导技术、可能影响因素及其处理方法分析、评估研究对象范围、数据统计技术等方面也有了显著性发展。1974 年，CVM 第一次用于评估生态系统服务，之后很多研究采用 CVM 及改进的 CVM（Hammack & Brown，1974）。许多 CVM 用于评估生态系统服务的研究表明，多种因素显著影响着被调查者的 WTP。这些因素包括人口统计因素、环境意识和环境态度（Milon & Scrogin，2006；Wattage & Mardle，2008；Stone et al.，2008；Lantz et al.，2013）。在这些变量中，空间差异是不应该被忽视的关键因素之一，但过去几十年却很少受到关注（Pate and Loomis，1997；Bateman et al.，2006；Choi，2013）。WTP 的平均值随着资源距离的增加而减少。因此，居住在环境资源附近的被调查者可能愿意花更多的钱，因为他们在更大程度上受益于资源。WTP 的空间差异研究有利于制定和实施不同的收费政策。

8.1.3.2　经济学原理

条件价值评估法是从西方经济学演变发展而来的，它的一个重要的经济学思想就是效用，即商品带给消费者的满足度。它的经济学前提是：假设个人对市场中的市场商品或非市场物品均具有消费偏好性，且能够准确判断其所带来的效用。不同的商品组合带给消费者不同的效用函数。假设个人对市场商品的消费用 x 表示，非市场的商品消费用 q 表示（将被估值），则个人的效用函数 U 可以表示为：$U(x, q)$。效用受到对物品的消费需求和物品供给影响，个人对市场商品的消费在收入 y 和商品价格 p 的约束下，力图获得最大效用，即使效用函数 U 最大化：$U_{max}(x, q)$。其中，

$$\sum px \leqslant y 。$$

在预算线 L_1 及环境商品价格 p 既定的条件下（假设市场商品价格不变），消费者可能达到的效用最大化状态点 U_1，代表着在价格 q 和收入 m

条件下的最优消费约束。然而当环境质量改善，换句话说，环境商品价格提高时，人们必须支付相应的货币 w 以换取较高质量的环境服务。点 U_2 描述的就是在预算约束条件下，要想维持效用函数不变，即仍然达到效用最大化时的支付状况。这里间接效用函数 μ ［p；（q，m）］度量的就是消费者在价格 p 条件下需要多少货币才能够和他在价格 q 和收入 m 情况下所能达到的效用水平相同。我们通过推导、测量一系列不同环境状态下消费者的等效用点，就可以得到人们对环境服务的支付意愿或接受意愿曲线，进一步得到环境服务的非利用价值。

8.1.3.3 引导方式

CVM 支付意愿数据的获得可以通过面对面调查、电话调查、邮寄信函调查、互联网调查等方式，支付意愿的引导技术或者说问卷格式是 CVM 实际应用中的重要手段和关键环节。面对面调查虽然费用最高，但其在说明假想市场、陈述要评估的物品和服务以及回答被调查者的疑惑等方面具有明显的优势，因而是应用中最常用的调查方式。可能的支付工具包括收入税、财产税、公用事业费、门票费以及向信托基金支付等。现有的 WTP 引导技术可以分为连续型条件价值评估和离散型条件价值评估。

常用的连续型条件价值评估包括开放式（open ended）问卷格式和支付卡（payment card）格式两类。在开放式调查问卷中，回答者自由说出自己的最大 WTP，得到的数据容易分析，但被调查者在回答上存在一定难度，特别是在对自己不太了解的物品或服务估价时。支付卡格式为被调查者从一系列给定的价值数据中选择他们的最大支付意愿数量。支付卡格式的调查问卷克服了开放式问卷中存在的一些问题，但支付卡格式存在投标起点偏差，即最初给出的起始投标额会影响被调查者的 WTP 值。

常用的离散型条件价值评估有封闭式的二分式选择问卷格式（Dichotomous Choices，DC）。在二分式选择问卷中，被调查者就给定的 WTP 回答“是”或“不是”，这种问题格式减少了被调查者高估金额的可能性。目前，二分式问卷格式已发展出单边（single-bound）二分式选择、双边界（double-bound）二分式选择、三边界（triple-bound）二分式选择等。二分式问卷的优点是模拟了消费者熟悉的市场定价方式，减少被调查者高报其估价的可能性，主要缺点是难以确定投标数量的范围和计算支付意愿较为困难（张志强 等，2003）。

8.1.3.4 可能偏差及解决办法

CVM 是引导个人对非市场环境物品或服务估价的一种相对直接的方

法，当市场不存在时，CVM 易于应用，它暗含的唯一假设是：被调查者知道自己的个人偏好，有能力对环境物品或服务估价，并且愿意诚实地说出自己的支付意愿。但是由于调查者和被调查者所掌握的信息是非对称的，且评估的是被调查者本人宣称的意愿，而非被调查者根据自己的意愿所采取的实际行动，因而调查结果存在着产生各种偏倚的可能性。

影响 CVM 得到准确的价值评估结果的可能偏差主要有：假想偏差（hypothetical bias）、支付方式偏差（payment vehicle bias）、策略性偏差（strategic bias）、信息偏差（information bias）、部分—整体偏差（part-whole bias）、调查者偏差（interviewer bias），等等。根据国际上的研究经验，在调查问卷的设计和实施过程中，我们可以采取相应的方法有效地减少和降低偏差的可能影响。表 8-1 给出了 CVM 中可能出现的一些偏差及减少偏差的处理方法（张志强 等，2003）。

表 8-1　CVM 可能出现的偏差及减少偏差的方法

偏差类型	偏差描述	减少偏差的方法
假象偏差	被调查者对假想市场问题的回答与真实市场的反应不一致	设计图文并茂的问卷；采用匿名调查方式；调查员向被调查者陈述清楚假想市场
投标起点偏差	投标起点的高低和范围影响支付意愿的分布	通过预调查确定起点值和数值间隔
部分—整体偏差	被调查者未能正确区分某种环境整体与其组成部分	在问卷设计上明确含义；提醒被调查者注意收入限制
调查者偏差	多名调查者对估值结果产生不同影响	在调查前严格培训和管理调查人员

本书主要调查生态系统服务输入区的公众对苏锡常地区生态环境改善所愿意支付的费用。生态环境的改善通常不在市场上交易，因此它们没有定价，但它们影响着个体的福利。生态价值的受益者不仅限于进行市场交易的交易者和游客当中，还包括普通的民众。CVM 被广泛应用于评估生态环境改善的效益和生态环境破坏的经济损失中，是生态系统服务功能价值评估中应用最广泛的评估技术之一，它不是基于可观察的市场行为，而是基于被调查者的回答或反映，即在假想的市场背景下将采取什么行动。

8.1.3.5　问卷和调查设计

预调查是条件价值评估研究中重要的一部分（Mmopelwa et al.，2007）。

其目的是完善调查问卷和总结被调查者不愿意支付的原因。笔者从生态系统服务输入区的崇安区、苏州工业园区和钟楼区的当地居民中随机选取 60 名被调查者进行面对面采访，其中崇安区为经济发展区，苏州工业园区和钟楼区为生态退化区。笔者特别邀请两名有经验的心理学专业老师对预调查问卷的结果进行评估，在此基础上修改完善最终确定正式问卷。正式问卷的调查时间为 2011 年 4 月至 2011 年 6 月。被调查者为居民，采访时间大约为 15 分钟。问卷由经过培训的大学生完成。

调查区域的总户数为 346 500（见表 8-2）。调查为抽样调查，在简单随机抽样中，样本规模与置信度、抽样误差之间的关系可用下式 8-4 表示（Creative ReseArch Systems，2010）：

$$SS' = \frac{z^2 \left[p \left(1-p \right) \right]}{d^2} \tag{8-4}$$

其中，SS′为无限抽样情况下的样本规模；z 为 1.96；p 为置信度，通常以小数表示；d 为抽样误差，以小数表示。然而，上述公式适合于无限的抽样，本书中户数是已知的，有限户数的修正公式如 8-5 所示：

$$SS = \frac{SS'}{1+\frac{SS'-1}{p}} \tag{8-5}$$

其中，F 为调查区域的总户数。根据样本容量公式，取 $z=1.96$，$p=0.5$ 和 $d=5\%$。根据公式（8-5）算出必要的样本数为 384，本书将样本数扩大到 600 户。本书中所有被调查者年龄均超过 18 岁。

表 8-2　三个地区的样本量表

区域	人口/万人	户数/万户	面积/km^2	样本量/户
崇安区	18.65	10.70	17.59	245
苏州工业园区	35.49	11.35	288	170
钟楼区	35.38	12.60	72.2	185
总计	89.52	34.65	377.79	600

为确保样本能代表该地区的人口我们使用分层随机抽样技术选择 600 户家庭作为样本。在抽样框架设计中，整个研究区域基于行政区域分为三层：崇安区、苏州工业园区和钟楼区。每个区域的样本数应该与该区域的户密度（家庭的总户数与总面积的比值）成比例。根据设定的调查户数，

每个区域划分为许多个社区。每个社区会随机挑选10户家庭进行调查。抽样样本量见表8-2。

为了避免假想偏差，在问卷调查开始时，调查者首先向被调查者说明这是个假想情况下的调查，并不需要被调查者真正的支付，本次调查仅用于学术研究而非出于商业目的，因而减少了拒绝率和确保他们能更精确地表达他们的意愿。本次调查问卷分为三部分（见附录一）：

第一部分对调查地点做介绍，包括太湖生态系统的重要性、污染和退化的现状，让被调查者了解太湖的基本信息。调查者向被调查者展示了一系列太湖湿地照片和地图以直观展示太湖地区生态保护的效果与确认被调查者离最近的太湖湿地的距离。

第二部分是问卷的主体部分。主要根据了解程度、环保意识、拒绝支付的原因等内容来设置问题项。被调查者被告知由于近年来太湖生态系统退化严重，政府已经实施了很多项目来改善太湖的生态环境，如湿地修复工程等。本调查主要研究生态改善的直接受益者——公众对太湖地区生态保护的支付意愿。本次调查通过开放式的方式询问被调查者的支付意愿。调查者询问被调查者“愿不愿意支付”，即被调查者的家庭是否愿意在未来5年内每年支付一定费用来支持太湖地区的生态保护项目。其次是调查者询问被调查者“愿意支付多少”，即被调查者家庭每年最多愿意支付多少钱。愿意支付者中WTP值大于零为正WTP，不愿意支付的视为有效的零WTP，不愿意支付的被调查者直接询问拒绝支付的原因。本次调查采用开放式的问题。

第三部分主要收集被调查者的社会属性，包括性别、年龄、教育程度、家庭年收入和居住位置等。同时也收集被调查者对太湖生态保护工程的了解程度、对生态保护的态度以及对政府的信任程度。

8.1.3.6 统计方法和计量模型

WTP和影响因素之间的关系用SPSS 18.0（SPSS Inc., Chicago, IL, USA）软件分析。由于WTP值不符合正态分布，因此研究WTP值是如何受距离影响可采用Spearman相关性分析。本书构建了多元线性回归模型来确定正WTP的影响因素及空间差异性。

本书采用多元线性回归模型来决定影响被调查者愿意支付费用的因素，普通最小二乘法（OLS）用来估计多元线性回归模型中的参数。在有多个变数的情况下，利用t值，R^2，调整后进行R^2值及F值检验。利用以上方法估测多种因素和被调查者支付费用之间的关系，具体模型为：

$$y = \beta_0 + \beta x_1 + \cdots + \beta_n x_n + \varepsilon \tag{8-6}$$

其中，β_0 为回归模型常数项截距；x 为回归模型的自变量，即各个影响因素的取值；β 为各个影响因素的回归系数，ε 为误差项；y 为因变量，即被调查者愿支付费用的最大额。

8.2 差异化生态补偿标准制定

8.2.1 生态系统服务输出区补偿标准

8.2.1.1 机会成本

协同发展区包括 14 个县（市、区），经济发展区包括 8 个县（市、区）。不同的县（市、区）具有不同的粮食单产，从表 8-3 我们可以看出，协同发展区的平均粮食单产与生态涵养区差别不大，仅低于生态涵养区 34 kg/ha。本书利用 ArcGIS 的空间叠加分析，可以得到 2000—2010 年协同发展区和生态涵养区中各县（市、区）农业用地转换为湿地的面积。根据公式（8-1）可以得出协同发展区每年损失的机会成本为 102 万元/年，远远低于生态涵养区（279 万元/年）。这是由于与协同发展区相比，生态涵养区的 GDP 较低而产生的生态系统服务价值增量较多，即为了生态保护而产生的机会成本较多。

代明等（2013）运用发展损失成本法估算佛冈县由于生态保护造成的工业发展受限的机会成本约为 4 亿元/年，而 Zheng 等（2013）利用农业收入机会成本法估算出密云水库的机会成本为 710 元/公顷。可见，不同的方法计算出的机会成本差异较大。本书计算出的机会成本低于代明等（2013）的研究结果是由于他们是从区域的 GDP 损失来考虑的，而区域的 GDP 变化并不仅仅是由生态保护引起的。Kosoy 等（2007）在美洲中部利用生态补偿解决生态问题的过程中认为应该利用土地收益作为机会成本的载体。苏锡常地区生态保护中主要是“退耕还湿”，因此本书选择因保护生态环境所丧失的粮食的收入作为机会成本。而且，在发展中国家，农民的收入主要来源于土地的农业经营，对实施生态环境保护的区域而言，如果不能弥补农民在土地经营上获得的收益，当地的农民将会选择继续经营土地而非加入到环境保护的契约中（李晓光 等，2009）。

表 8-3　生态系统服务输出区机会成本

区划	县（市、区）	粮食单产/kg/ha	农业用地转湿地的面积/ha/年	粮食单价/元/kg	机会成本/万元/年
协同发展区	沧浪区	7 131*	0.00	1.4	102
	平江区	7 131*	0.00		
	金阊区	7 131*	0.00		
	新北区	6 620	2.42		
	戚墅堰区	8 156	0.08		
	天宁区	7 131*	0.34		
	惠山区	6 889*	24.51		
	锡山区	6 889*	0.91		
	滨湖区	6 889*	6.03		
	江阴市	6 810	28.85		
	苏州高新区	7 171*	0.00		
	太仓市	6 934	71.38		
	昆山市	7 042	1 024.06		
	相城区	7 171*	278.09		
	平均值	7 078	102.62		
经济发展区	金坛市	6 995	223.73		279
	溧阳市	7 510	451.99		
	武进区	6 787	81.55		
	宜兴市	6 722	126.79		
	吴中区	7 171*	321.56		
	吴江市	7 829	536.73		
	张家港市	6 683	47.97		
	常熟市	7 198	455.29		
	平均值	7 112	280.70		

注：* 为该区无单独的粮食作物单产数据，使用所在市区或全市平均值代替。

8.2.1.2　直接成本

表 8-4 中列出了协同发展区和生态涵养区的 10 个典型湿地修复工程的单位面积建设成本和运行成本，其中建设成本是一次性投资的，通过公式（8-3）转换为年价值。协同发展区的单位面积建设成本约为运行成本的 3 倍，而生态涵养区差别不大。这是因为协同发展区处于城市中心位置，人口密度相对较大，实施的湿地修复工程多为可供市民休闲娱乐的湿地公园，而生态涵养区地理位置相对协同发展区较偏，湿地修复工程多为湿地小区性质，因此协同发展区的建设成本和运行成本均高于生态涵养区。协

同发展区的平均单位面积总成本为0.016 5亿元/ha·年，高出生态涵养区4倍。根据公式（8-2）可以得出协同发展区和生态涵养区的机会成本分别为19.4亿元/年和7.1亿元/年。史晓燕等（2012）对2006—2009年东江源区3县的生态保护与建设的直接成本进行估算，得出3县的直接成本约为4亿元/年。本书中生态系统输出区22个县（市、区）的直接成本结果约为26亿元/年，与史晓燕等（2012）的研究结果相接近。

表8-4　生态系统服务输出区直接成本

分区	湿地修复工程名称	湿地面积/ha	建设成本/亿元/年	单位面积建设成本/亿元/ha·年	运行成本/亿元/年	单位面积运行成本/亿元/ha·年	单位面积总成本/亿元/ha·年	直接成本/亿元/年
协同发展区	十八湾湿地	265	898.96	0.022	10.98	0.003	0.024 6	19
	管社山湿地	58	16.41	0.018	3.96	0.004	0.022 9	
	尚贤河湿地	87	19.63	0.015	6.32	0.005	0.019 4	
	长广溪湿地	93	27.61	0.019	8.71	0.006	0.025 5	
	亮河湾湿地	195	5.06	0.002	4.02	0.001	0.003 0	
	梁鸿湿地	120	40.64	0.022	9.08	0.005	0.027 0	
	贡湖	95	3.83	0.003	2.36	0.002	0.004 2	
	九里湖	47	1.53	0.002	2.39	0.003	0.005 4	
平均值				0.013		0.004	0.016 5	
生态涵养区	沙塘港—朱渎港	76	2.91	0.002	1.93	0.002	0.004 2	7
	大浦港	83	2.76	0.002	1.43	0.001	0.003 3	
平均值				0.002		0.002	0.003 8	

8.2.1.3　补偿标准

结合发展与保护兼顾情景下的区域生态系统服务价值增量我们可以得到协同发展区和生态涵养区的生态补偿标准。从表8-5可以看出，机会成本最低，而直接成本最高。按照成本来补偿，协同发展区的补偿标准约为19亿元/年，生态涵养区的补偿标准约为7亿元/年。按照生态系统服务价值增量来补偿，协同发展区的补偿标准约为2 230万元/年，生态涵养区的补偿标准约为9 000万元/年。综合三方面的价值，协同发展区应得到的补偿标准约为19亿元/年，生态涵养区应得到的补偿标准约为8亿元/年。

表 8-5　生态系统服务输出区补偿标准

区划	机会成本 /万元/年	直接成本 /万元/年	ESV 增量 /万元/年
生态退化区	102	19	2 230
经济发展区	279	7	9 000
总计	381	26	11 230

8.2.2　生态系统服务输入区补偿标准

8.2.2.1　问卷调查总体特征分析

表 8-6 中总结了调查样本的社会经济特征，数据显示被调查者具有各种各样的社会经济特征。总体上，中年的（31～50 岁）、受过高等教育的（29.2%的被调查者拥有学士学位）、中高等收入的（28.9%的家庭年收入为 6.0 万～24.0 万元）被调查者是最常见的。被调查者中男性和女性的比例相差不大，分别为 59.0%和 41.0%，41%的人来自离太湖最近的崇安区。结果显示，超过一半的被调查者（66.6%）不了解、很少了解或者基本了解太湖地区的生态保护项目。40.03%的被调查者认为维护和改善生态环境是比较重要的。这也表明调查区居民的环保意识相对较低。50.3%的被调查者相信政府能有效建设和管理好太湖地区生态环境，证明政府在群众中的威信力相对较高。

表 8-6　受访者的人口统计学和心理特征

变量	描述	样本量/%	Mean	S. D	预期方向
性别 （GEN）	男性＝1	341（59.0）	1.41	0.492	不确定
	女性＝0	237（41.0）			
年龄 （AGE）	18-30＝1	167（28.9）	1.93	0.773	负相关
	31-50＝2	309（53.5）			
	51-60＝3	76（13.1）			
	60 以上＝4	26（4.5）			

表 8-6(续)

变量	描述	样本量/%	Mean	S. D	预期方向
教育水平（EDU）	小学=1	16（2.8）	4.40	1.556	正相关
	中学=2	62（10.7）			
	中专=3	115（19.9）			
	高中=4	80（13.8）			
	大专=5	115（19.9）			
	大学=6	169（29.2）			
	研究生=7	21（3.6）			
家庭年收入（INC）万元	1.0 以下=1	34（5.9）	3.92	1.372	正相关
	1.0-1.5=2	60（10.4）			
	1.5-2.5=3	122（21.1）			
	2.5-6.0=4	131（22.7）			
	6.0-24.0=5	167（28.9）			
	24.0 以上=6	64（11.1）			
地理位置（LOC）	崇安区=0	237（41.0）	1.90	0.841	正相关
	苏州工业园区=1	164（28.4）			
	钟楼区=2	177（30.6）			
对生态保护的了解程度（KNO）	完全不了解=1	151（26.1）	2.71	1.292	正相关
	比较不了解=2	97（16.8）			
	一般了解=3	137（23.7）			
	比较了解=4	154（26.6）			
	非常了解=5	39（6.7）			
对生态保护的态度（ATT）	完全不重要=1	32（5.5）	3.29	1.086	正相关
	比较不重要=2	89（15.4）			
	一般重要=3	233（40.3）			
	比较重要=4	128（22.1）			
	非常重要=5	13（16.6）			

表 8-6(续)

变量	描述	样本量/%	Mean	S. D	预期方向
对政府的信任程度(TRU)	完全不信任=1	13 (2.2)	4.18	1.029	正相关
	比较不信任=2	36 (6.2)			
	模棱两可=3	77 (13.3)			
	比较信任=4	161 (27.9)			
	非常信任=5	291 (50.3)			

8.2.2.2 WTP 分析

在 600 份抽样样本中，剔除信息不详的无效问卷 22 份，最后有效问卷 578 份，问卷回收有效率为 96.3%。在这 578 份有效样本中，被调查者在了解了湿地基本情况之后，面对开放式的问题，有 391（67.6%）位被调查者愿意为湿地修复工程支付一定费用（WTP>0），表明湿地可持续保护被大多数人所接受。578 位中的 187 位（32.4%）被调查者拒绝为湿地修复工程支付任何费用（WTP=0）（见表 8-7）。

表 8-7 愿意和不愿意支付的被调查者的比例

	样本量	比例/%
WTP>0（愿意支付）	391	67.6
WTP=0（不愿意支付）	187	32.4
有效问卷数	578	100.0
无效问卷数	22	
总计	600	

拒绝支付的 187 位被调查者中，超过一半的人（50.4%）认为湿地修复工程的建设和维护是政府的责任，市民在纳税之后不应该再向湿地保护支付任何费用。然而，21%的被调查者表示不愿意支付的主要原因是不相信这笔资金能专款专用于湿地保护。17.6%的被调查者认为收入太低不足以为生态保护支付费用，而 8.7%的人表示他们住在离太湖较远的地方，几乎没有享用到湿地资源的生态效益（见表 8-8）。调查结果表明大多数的被调查者认为所交的税费里面已经包含了湿地保护的费用，因而拒绝再为湿地保护支付一定费用。

表 8-8　拒绝支付的理由

理由	比例/%
认为是政府的责任	50. 4
不相信资金能专款专用	21. 0
收入太低	17. 6
没有享用湿地资源	8. 7
其他	2. 3

表 8-9 和图 8-2 中显示无锡市被调查者对湿地修复工程的 WTP 投标额的分布。投标额的范围是 1～1 000 元，其中 10 元、50 元和 100 元的相对频度较高。WTP 的平均值和中值分别为 70. 53 元和 50. 00 元。WTP 的中值低于平均值表明大多数被调查者的支付费用低于平均值，且投标额明显呈现左偏分布，这与公众的日常支付心理一致，即金额低的支付频度相对较高。被调查者这种低支付的心理也和被调查者对湿地修复工程的了解程度与环保意识有关。

表 8-9　WTP 投标额的频率

WTP 投标额/元	样本数	比例/%
1	1	0. 3
2	5	1. 3
5	14	3. 6
10	59	15. 1
15	15	3. 8
20	44	11. 3
30	42	10. 7
50	74	18. 9
80	13	3. 3
100	93	23. 8
150	8	2. 0
200	14	3. 6
500	5	1. 3

表8-9(续)

WTP 投标额/元	样本数	比例/%
1 000	4	1.0
总计	391	100.0

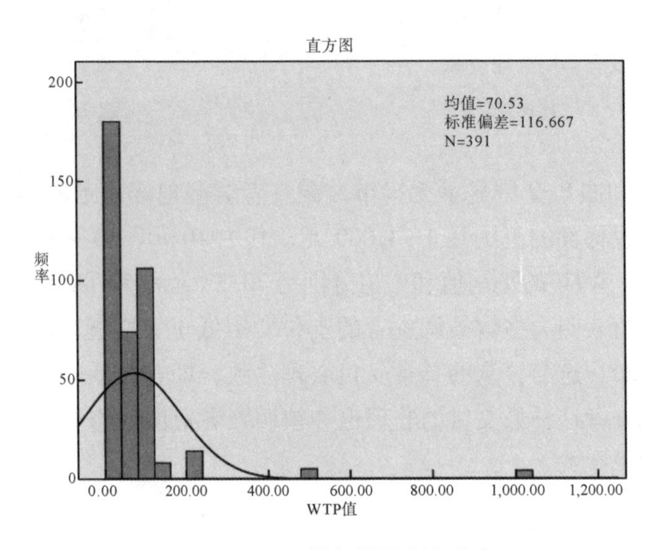

图 8-2　WTP 投标额的频度分布

8.2.2.3　WTP 值及其影响因素分析

排除了 187 份不愿意为湿地修复费支付的问卷，我们将剩下的 391 份问卷用于分析被调查者的 WTP 值及其影响因素。本书强调空间差异性，因此使用非参数 Spearman 相关测试只分析 WTP 值和被调查者地理位置之间的关联性。意料之中的是，三个水平的距离与 WTP 值在 0.01 水平上呈显著负相关（见表 8-10）。

表 8-10　Spearman 相关性分析结果

变量	Correlation Coefficient	*P* value（2-tailed）	样本量
地理位置-WTP 值	-0.207	0.000**	391

本书利用线性回归模型进一步分析了在距离限定下自变量对 WTP 值的影响。崇安区（近距离）、苏州工业园区（中等距离）和钟楼区（远距离）分别作为因变量引入三个线性回归模型中。自变量为个人对生态保护的了解程度、态度、对政府的信任度以及人口统计学变量。由于 WTP 值

是偏态分布，峰偏左，长尾偏向右边（见图 8-4），因此我们先利用对数转换的方法使分布更接近于正态分布，并减少数据的变异性；构建逐步回归模型，选择 0.01 和 0.05 的差异显著性水平。

表 8-11 显示了逐步回归分析结果，我们可以看出在三个不同距离水平的区域中，收入水平均与被调查者的 WTP 值之间存在显著正相关。在离湿地中等距离的区域（苏州工业园区），文化程度越高的被调查者支付的金额越少（Yo，2001）。在离湿地较近的区域（崇安区），家庭收入是影响 WTP 值的唯一变量。随着离太湖湖体距离的增加，除了家庭收入，年龄也是其中的限制因素。在较远的区域（钟楼区），年龄越大的受访者支付的费用越少，他们认为去太湖的机会较少。所有心理变量均未进入逐步回归模型中，表示这些变量与 WTP 值不存在相关性。换句话说，最愿意为太湖生态保护支付费用的人群是居住在离湿地较近区域的收入较高的家庭群体。

表 8-11　距离限定下 WTP 值的影响因素

模型	显著变量	Coeff.	*P* value	95% CI	
Model A—崇安区（近距离）	常数	2.604	0.000	1.752	3.457
	家庭收入	0.414	0.000	0.277	0.551
Model B—苏州工业园区（中等距离）	常数	1.924	0.000	1.130	2.718
	家庭收入	0.476	0.000	0.326	0.626
	文化程度	-0.125	0.019	-0.230	-0.021
Model C—钟楼区（远距离）	常数	1.929	0.002	0.787	3.071
	家庭收入	0.310	0.020	0.051	0.569
	年龄	-0.312	0.005	-0.526	-0.097

回归方程如下：

$$\ln WTP_{close} = 2.604 + 0.414 \times Income$$
$$\ln WTP_{medum} = 1.924 + 0.476 \times Income - 0.125 \times Educate$$
$$\ln WTP_{remote} = 1.929 + 0.310 \times Income - 0.312 \times Age \quad (8\text{-}6)$$

根据以上 WTP 值的估算公式，我们利用 Logistic 公式中各变量的样本平均值来预测被调查者的 WTP 值。预测的 WTP 平均值分别为 68.50 元/（户·年）（崇安区）、25.53 元/（户·年）（苏州工业园区）和 12.71 元/（户·年）（钟楼区)。最后，根据各区域的面积得出平均支付意愿（见表8-12)。

表8-12 不同区域WTP预测值

<table>
<tr><th>区划</th><th>县（市、区）</th><th>户数（10[4]）</th><th>平均WTP
/元/（户·年）</th><th>WTP
/万元/年</th></tr>
<tr><td>经济发展区</td><td>崇安区</td><td>10.70</td><td>68.50</td><td>733</td></tr>
<tr><td rowspan="3">生态退化区</td><td>苏州工业园区</td><td>11.35</td><td>25.53</td><td rowspan="3">225</td></tr>
<tr><td>钟楼区</td><td>12.60</td><td>12.71</td></tr>
<tr><td>总计</td><td>34.65</td><td></td></tr>
</table>

8.2.2.4 补偿标准

我们综合发展与保护兼顾情景下的区域生态系统服务价值增量和生态系统输入区的公众支付意愿，可以得到生态退化区和经济发展区的生态补偿标准。从表8-13可以看出，公众的支付意愿较高，而生态系统服务价值增量较低。按照支付意愿来支付补偿，生态退化区应支付的补偿标准约为225万元/年，经济发展区应支付的补偿标准约为733万元/年。与经济发展区相比，尽管生态退化区的生态系统服务价值损失较多，但由于公众对环境退化的感知程度较低，其支付意愿只与公众的收入水平有直接关系。按照生态系统服务价值增量来补偿，生态退化区应支付的补偿标准约为220万元/年，经济发展区应支付的补偿标准约为6万元/年。综合两方面的价值，生态退化区应支付的补偿标准为220万~225万元/年，经济发展区应支付的补偿标准为6万~773万元/年。

可见，如果在生态补偿实施过程中加强公众参与，在合理的发展情况下，大多数公众愿意且有能力补偿由于地区经济发展所引起的生态系统服务价值减少的部分。我们将“谁开发谁保护、谁受益谁补偿”的原则与公众参与相结合，可以使当地居民积极参与到区域生态环境保护与治理的工作中，并相应地提出符合当地经济发展水平和公民意愿的具体意见和政策建议。这样不仅可以保障当地居民的生态环境知情权，还可以强化公众的参与和监督，更有利于缓解政府的财政压力、推进苏锡常地区实施全面的生态环境综合防治与建立水资源保护的长效机制。

表 8-13　生态系统服务输入区补偿标准

区划	支付意愿 /万元/年	ESV 增量 万元/年	生态补偿占 GDP 的比值/%
生态退化区	225	-220	0.01
经济发展区	733	-6	0.05
总计	958	-226	

8.3　生态保护补偿可行性分析

许多学者认为机会成本应该作为生态补偿的下限值，而生态系统服务价值往往较高，应该作为生态补偿标准的上限值（段靖 等，2010；周晨等，2015）。随着对生态系统服务价值研究的深入，赖敏等（2015）认为生态补偿的数量不直接以区域生态系统服务的存量价值为依据，而是以区域生态恢复所产生的新增生态系统服务价值作为补偿的理论限值。Newton（2012）、Ferraro（2015）等选择保护区域与非保护区域作为对比，计算生态保护引起的生态系统服务变化。本书划分的生态系统服务输入区均是经济较为发达的区域，生态补偿标准以支付意愿和生态系统服务价值增量作为补偿依据，得出的生态补偿值占年均 GDP 比值并未超出地区环保投入占 GDP 的比重（3%）（见表 8-13），说明生态系统服务输入区完全有能力进行区域间补偿，使生态受益者与提供者在成本和收益的分担与享受上趋于合理，推动生态服务的有效购买，而生态服务输出区可以获得相应的经济补偿，从而激励各地区保护生态环境的积极性，形成生态补偿与环境保护的良性互动关系，促进经济建设与生态文明的和谐发展。

8.4　本章小结

本章主要针对上述的分区结果和情景分析结果，结合机会成本、直接成本与公众的支付意愿估算，探讨得出在最优发展情景下各个区划的生态补偿标准，以期为区域生态补偿标准的制定提供科学依据。

首先，生态系统服务输出区的生态补偿标准包括三方面：一是该区域为了保护生态环境而产生的机会成本；二是生态建设所需投入的直接成本；三是生态环境改善所产生的生态系统服务价值增量。其中，机会成本最低，而直接成本最高。综合三方面的价值，协同发展区应得到的补偿标准约为 19 亿元/年，生态涵养区应得到的补偿标准约为 8 亿元/年。

其次，生态系统服务输入区的生态补偿标准包括两方面：一是该区域公众愿意为生态改善支付的费用；二是以牺牲生态环境发展经济所减少的生态系统服务价值。其中，公众的支付意愿较高，且离太湖湿地资源越近，公众的支付意愿越高，而生态系统服务价值增量较低。综合两方面的价值，生态退化区应支付的补偿标准为 220 万~225 万元/年，经济发展区应支付的补偿标准为 6 万~733 万元/年。

最后，本书的生态补偿标准以支付意愿和生态系统服务价值增量作为补偿依据，得出的生态补偿值占年均 GDP 比值并未超出地区环保投入占 GDP 的比重（3%），说明生态系统服务输入区完全有能力进行区域间补偿，使生态受益者与提供者在成本和收益的分担与享受上趋于合理。

9 结论与启示

9.1 主要结论

本书以生态补偿为切入点，在大量调研国内外生态补偿机制、生态系统服务价值评价方法的基础上，结合生态补偿标准差异化制定的研究背景和研究意义，以快速城市化地区苏锡常为研究区域，结合 Arcgis 空间分析手段，提出了基于区域生态系统服务价值增量区划的生态补偿标准差异化评估方法。研究中得出的主要结论如下：

（1）苏锡常地区农业用地、湿地和建设用地相互转换明显，湿地面积的增加主要来自退耕还湿，湿地面积的减少主要是由于建设用地的侵占，且随着建设用地的扩张，湿地斑块数量由 3 276 个增加到 3 347 个，湿地破碎化程度加剧。

1995—2010 年，苏锡常地区 6 类用地类型中，农业用地、湿地和建设用地发生了明显的时空变化，相互之间转换明显。湿地发生了明显的时空变化，总体面积呈增加的趋势，说明苏锡常地区的湿地保护工作具有一定的成效。湿地面积的增加主要来自退耕还湿；湿地面积的减少主要是由于建设用地的侵占。建设用地面积扩张呈持续增高的趋势，其中 2005—2010 年扩张最明显，扩张强度最大的地区发生在苏州工业园区。建设用地以苏锡常的中心城区为中心扩散式、连片地的方式向外扩张。湿地景观方面，太湖湖体周围各县（市、区）的湿地面积比例变化不大，变化较大的区域主要集中在金坛市、溧阳市、江阴市、太仓市和昆山市。可见，由于中心城区的建设用地向外扩展，湿地面积的扩张只能往中心城区的外围发展。

（2）2000—2010 年，苏锡常地区 8 种生态系统服务价值共增加了 145 亿元，供给服务价值与调节服务价值和支持服务价值之间存在负相关；生态系统服务价值增量存在明显的空间差异性，且从研究区中部向外围扩散式增加。

本书在对苏锡常地区的土地利用时空格局及演变特征分析的基础上，以2000年为基准年，评估了2000—2010年生态系统服务价值及其增量的空间差异性。苏锡常地区生态系统服务总价值的增加主要来自供给服务价值的增加；随着供给服务价值的增加，调节服务价值和支持服务价值相应减少。生态系统服务价值增量存在明显的空间差异性，供给服务增量最多的区域集中在西南部和南部；调节服务和文化服务价值增量最多的区域集中在东部和西部；支持服务价值增量最多的区域集中在西南部和东部。从县（市、区）来看，增量最多的区域为溧阳市、吴中区和宜兴市，最少的为苏州工业园区。

（3）构建了生态系统服务价值区划模型，从空间上将苏锡常地区划分为四个补偿区，协同发展区和生态涵养区为生态系统输出区，生态退化区和经济发展区为生态系统服务输入区。未来保护与发展兼顾情景最优，各分区下8种单位面积生态系统服务价值增量最均衡。

在对苏锡常地区的生态系统服务价值增量估算的基础上，本书利用ArcGIS空间分析工具、聚类分析和情景分析等，进行生态系统服务价值增量的区划与空间权衡分析。研究区被分为四个区，分别为协同发展区、生态涵养区、生态退化区和经济发展区。其中前两个区的生态系统服务价值增量为正，生态系统服务输出区——生态系统服务提供区，主导服务为物质生产；后两个区的生态系统服务价值增量为负，生态系统服务输入区——生态系统服务消耗区，主导服务为气体调节。通过情景分析得出，高强度生态保护情景产生的生态系统服务价值增量最多，而发展优于保护情景的生态系统服务价值增量最少。

（4）在生态系统服务价值区划和情景分析的基础上，结合直接成本、机会成本与生态系统服务价值增量，本书提出了差异化的生态补偿标准。在保护与发展兼顾情景下，协同发展区应得到的补偿标准约为19亿元/年，生态涵养区应得到的补偿标准约为8亿元/年；生态退化区应支付的补偿标准为220万~225万元/年，经济发展区应支付的补偿标准为6万~733万元/年。对生态补偿的可行性分析结果显示，生态系统服务输入区的生态补偿值占年均GDP比值并未超出地区环保投入占GDP的比重（3%），说明生态系统服务输入区完全有能力进行区域间补偿，补偿标准制定合理且具有操作性。

针对上述的分区结果和情景分析结果，本书结合机会成本、直接成本与公众的支付意愿估算，探讨得出在最优发展情景下各个区划的生态补偿标准。生态系统服务输出区的生态补偿标准包括三方面：一是该区域为了保护生态环境而产生的机会成本；二是生态建设所需投入的直接成本；三是生态环境改善所产生的生态系统服务价值增量。其中，机会成本最低，而直接成本最高。生态系统服务输入区的生态补偿标准包括两方面：一是该区域公众愿意为生态改善支付的费用；二是以牺牲生态环境发展经济所减少的生态系统服务价值。其中，公众的支付意愿较高，且离太湖湿地资源越近，公众的支付意愿越高，而生态系统服务价值增量较低。

9.2 研究创新点

（1）目前生态补偿标准的研究多数以静态的生态系统服务价值为补偿上限，实际生态补偿实践中往往难以达到该上限值，远远超过了地方政府的支付能力。本书有别于传统意义上“生态补偿”的研究视角，从县域（市、区）尺度出发，利用 ArcGIS 的空间分析能力，基于生态系统服务价值增量、城市扩展强度增量、单位面积 GDP 增量和人口密度增量的空间差异性四方面，建立了区域生态系统服务价值的空间区划优化方法，可显著增强区域生态保护与补偿机制的针对性。

（2）针对目前生态补偿的财政拨付主要是由国家和省级自上而下支付，尚未从纵向拨付过渡到横向资金转移而且生态补偿对象界定模糊，生态补偿标准存在“一刀切”的现实问题，本书在区域生态系统服务价值增量区划的基础上，建立了一套基于情景分析、生态系统服务价值权衡分析，综合生态保护直接成本、机会成本及生态系统服务输入区的公众支付意愿分区方案，以及科学化的生态补偿标准制定方法，可为生态补偿政策的科学制定与实施提供有效的理论依据与现实决策支持。

9.3 研究展望

制定差异化的生态补偿标准已成为当前环境管理领域研究的热点问题，国内外学者在此领域已做了一些探索性的研究工作。本书从区域生态系统服务价值增量、经济发展水平的非均衡性、人口密度的差异性和城市扩展的空间差异性和可持续发展的角度，对苏锡常地区生态服务价值区划及差异化生态补偿标准制定进行了初步研究。与以往研究相比，本书提出的制定差异化生态补偿标准的思路与方法更加科学、合理且具有可操作性。尽管案例研究是县域（市、区）尺度，在数据可得的情况下，做适当的修改也适用于其他空间尺度的研究，如市域、国家等。但由于区域生态系统与生态补偿的复杂性和影响因素的多样性，加之笔者认识水平的限制，有些问题还须进一步深入研究和探讨。

（1）基于苏锡常地区生态系统构建的生态系统服务价值评价指标体系和方法模型，指标选取方面还存在不足，如部分生态系统服务价值采用的是根据谢高地等人的研究成果修正后的生态系统服务价值单价，比研究区实际价值明显偏低，今后在生态系统服务价值的定量估算及空间分析中，应寻求更精准的方法。另外，生态经济计量参数的确定仅适用于该地区的情况，其他地区应根据本地区的实际情况对其进行改进，以提高生态服务价值评估的精确性和可靠性。

（2）本书构建的评估模型和补偿标准是基于统计资料、地面监测和遥感监测资料结合的理论研究，在实际应用中可能产生偏差，须开展大量的验证研究。另外，由于土地利用信息的分辨率有限，较欠缺对苏锡常地区主要生态用地——湿地的进一步细分类研究，如了解在城市化进程中，养殖池、盐田等的时空变化情况。未来研究应在更高分辨率遥感数据和更丰富的实地调研的基础上，对湿地类型的时空变化进一步深入和细化。

（3）本书从生态补偿的角度出发，将分析单元设定为县（市、区），以方便制定的生态补偿标准落地实施。但是，由于人口、经济等数据有限，分析单元没有进一步细化，未来研究可以细化到乡镇级尺度，以制定更细化的生态补偿标准。

（4）针对地区间利益失衡与发展机会不均的情况，本书通过生态系统服务价值区划制定的生态补偿标准解决了生态补偿中的两个关键问题，即“谁补偿谁”和“补偿多少”的问题，但未深入探讨生态补偿的实施方法，即解决“怎么补偿”的问题。根据本书提出的生态补偿标准，生态系统服务输入区可以通过财政税收、资源税费、排污收费等形式上缴用于补偿的资金，由政府统一规划、协调分配给生态系统服务输出区，用于当地的生态修复治理、发展机会补偿等用途，从而完成财政的纵向转移支付。为了增进效率和优化资源配置，未来的研究还可以设计在生态服务市场上的横向转移支付制度，并进行案例实证分析，进一步完善生态补偿制度。

参考文献

[1] 白杨，郑华，庄长伟，等. 2013. 白洋淀流域生态系统服务评估及其调控 [J]. 生态学报，33 (3)：711-717.

[2] 蔡邦成，温林泉，陆根法，2005. 生态补偿机制建立的理论思考 [J]. 生态经济，(1)：47-50.

[3] 蔡邦成，陆根法，宋莉娟，等. 2006. 土地利用变化对昆山生态系统服务价值的影响 [J]. 生态学报，(9)：3005-3010.

[4] 代明，刘燕妮，陈罗俊，2013. 基于主体功能区划和机会成本的生态补偿标准分析 [J]. 自然资源学报，28 (8)：1310-1317.

[5] 段靖，严岩，王丹寅，等. 2010. 流域生态补偿标准中成本核算的原理分析与方法改进 [J]. 生态学报，30 (1)：221-227.

[6] 段锦，康慕谊，江源，2012. 东江流域生态系统服务价值变化研究 [J]. 自然资源学报，27 (1)：90-103.

[7] 冯剑丰，李宇，朱琳，2009. 生态系统功能与生态系统服务的概念辨析 [J]. 生态环境学报，18 (4)：1599-1603.

[8] 葛菁，吴楠，高吉喜，等. 2012. 不同土地覆被格局情景下多种生态系统服务的响应与权衡：以雅砻江二滩水利枢纽为例 [J]. 生态学报，32 (9)：2629-2639.

[9] 何浩，潘耀忠，申克建，等. 2012. 北京市湿地生态系统服务功能价值评估 [J]. 资源科学，34 (5)：844-854.

[10] 后文文，2013. 苏州市湿地生态补偿机制研究 [D]. 苏州：苏州大学.

[11] 黄明华，2003. 苏锡常都市圈空间关系研究 [D]. 上海：华东师范大学.

[12] 黄湘，陈亚宁，马建新，2011. 西北干旱区典型流域生态系统服务价值变化 [J]. 自然资源学报，26 (8)：1364-1376.

[13] 姜宏瑶，温亚利，2010. 我国湿地保护管理体制的主要问题及对策［J］. 林业资源管理，(3)：1-5.

[14] 贾芳芳，2014. 基于 InVEST 模型的赣江流域生态系统服务功能评估［D］. 北京：中国地质大学.

[15] 贾军梅，罗维，杜婷婷，等. 2015. 近十年太湖生态系统服务功能价值变化评估［J］. 生态学报，35（7）：2255-2264.

[16] 江波，陈媛媛，饶恩明，等. 2015. 博斯腾湖生态系统最终服务价值评估［J］. 生态学杂志，34（4）：1113-1120.

[17] 江苏省统计局，2023. 2023 年江苏省国民经济与社会发展统计公报。

[18] 江苏省统计局，2023. 江苏统计年鉴［M］. 北京：中国统计出版社.

[19] 金淑婷，杨永春，李博，等. 2014. 内陆河流域生态补偿标准问题研究：以石羊河流域为例［J］. 自然资源学报，29（4）：610-622.

[20] 金艳，2009. 多时空尺度的生态补偿量化研究［D］. 杭州：浙江大学.

[21] 孔凡斌，2010. 江河源头水源涵养生态功能区生态补偿机制研究：以江西东江源区为例［J］. 经济地理，30（2）：299-305.

[22] 赖敏，吴绍洪，尹云鹤，等. 2015. 三江源区基于生态系统服务价值的生态补偿额度［J］. 生态学报，35（2）：227-236.

[23] 蓝盛芳，钦佩，陆宏芳，2002. 生态经济系统能值分析［M］. 北京：化学工业出版社.

[24] 李锋，王如松，2004. 城市绿色空间生态服务功能研究进展［J］. 应用生态学报，15（3）：527-531.

[25] 李东海，2008. 基于遥感和 ArcGIS 的东莞市生态系统服务价值评估研究［D］. 广州：中山大学.

[26] 李丽锋，惠淑荣，宋红丽，等. 2013. 盘锦双台河口湿地生态系统服务功能能值价值评价［J］. 中国环境科学，33（8）：1454-1458.

[27] 李双成，张才玉，刘金龙，等. 2013. 生态系统服务权衡与协同研究进展及地理学研究议题［J］. 地理研究，32（8）：1379-1390.

[28] 李双成，2014. 生态系统服务地理学［M］. 北京：科学出版社.

[29] 李晓光，苗鸿，郑华，等. 2009. 生态补偿标准确定的主要方法及

其应用［J］. 生态学报，29（8）：4431-4440.

［30］李琰，李双成，高阳，等. 2013. 连接多层次人类福祉的生态系统服务分类框架［J］. 地理学报，68（8）：1038-1047.

［31］李屹峰，罗跃初，刘纲，等. 2013. 土地利用变化对生态系统服务功能的影响：以密云水库流域为例［J］. 生态学报，33（3）：726-736.

［32］李屹峰，罗玉珠，郑华，等. 2013. 青海省三江源自然保护区生态移民补偿标准［J］. 生态学报，33（3）：764-770.

［33］刘晓辉，吕宪国，2010. 三江平原湿地生态系统固碳功能及其价值评估［J］. 湿地科学，(2)：212-217.

［34］刘聚涛，杨永生，高俊峰，2011. 太湖蓝藻水华灾害灾情评估方法初探［J］. 湖泊科学，23（3）：334-338.

［35］刘兴元，2011. 藏北高寒草地生态系统服务功能及其价值评估与生态补偿机制研究［D］. 兰州：兰州大学.

［36］刘登娥，陈爽，2012. 近 30 年来苏锡常城市增长形态过程与聚散规律［J］. 地理科学，32（1）：47-54.

［37］罗小娟，曲福田，冯淑怡，2011. 太湖流域生态补偿机制的框架设计研究：基于流域生态补偿理论及国内外经验［J］. 南京农业大学学报：社会科学版，(1)：82-89.

［38］陆建忠，陈晓玲，李辉，2011. 基于 GIS/RS 和 USLE 鄱阳湖流域土壤侵蚀变化［J］. 农业工程学报，27（2）：337-344.

［39］郎宇，王桂霞，2024. 生态资源价值化助推乡村振兴的逻辑机理与突破路径［J］. 自然资源学报，39（1）：29-48.

［40］毛显强，钟瑜，张胜，2002. 生态补偿的理论探讨［J］. 中国人口资源与环境，12（4）：38-41.

［41］马永力，2010. 基于 3S 技术和 USLE 模型的土壤侵蚀研究［D］. 郑州：郑州大学.

［42］欧阳志云，王效科，1999. 中国陆地生态系统服务功能及其生态经济价值的初步研究［J］. 生态学报，(5)：607-613.

［43］欧阳志云，郑华，岳平，2013. 建立我国生态补偿机制的思路与措施［J］. 生态学报，33（3）：686-692.

［44］欧阳志云，朱春全，杨广斌，2013. 生态系统生产总值核算：概念、核算方法与案例研究［J］. 生态学报，33（21）：6747-6761.

［45］庞丙亮，2014. 湿地生态系统服务价值评价的去重复性计算研究［D］. 北京：中国林业科学研究院.

［46］潘俊，冷特，2012. R 型聚类对辽河不同断面水质指标相关性分析［J］. 环境科学与技术，35（8）：189-192.

［47］彭欢，曹睿，史明昌，2014. 北京城市发展新区土地利用景观格局分析［J］. 城市环境与城市生态，（1）：24-27.

［48］秦伟，朱清科，刘中奇，等. 2009. 基于 GIS 和 RS 的退耕还林工程土壤保育价值评估：以陕西吴起县四面窑沟流域为例［J］. 中国水土保持科学，7（2）：54-62.

［49］饶胜，林泉，王夏晖，2015. 正蓝旗草地生态系统服务权衡研究［J］. 干旱区资源与环境，29（3）：81-86.

［50］邵深霞，2011. 湿地补偿制度：美国的经验及借鉴［J］. 林业资源管理，（2）：107-112.

［51］史晓燕，胡小华，邹新，2012. 东江源区基于供给成本的生态补偿标准研究［J］. 水资源保护，28（2）：77-81.

［52］史恒通，赵敏娟，2015. 基于选择试验模型的生态系统服务支付意愿差异及全价值评估：以渭河流域为例［J］. 资源科学，37（2）：351-359.

［53］王程，陈正江，杨勤科，2012. 流域分布式坡长不确定性的初步分析［J］. 水土保持研究，19（2）：15-18.

［54］王国成，唐增，高静，2004. 美国农业生态补偿典型案例剖析［J］. 草业科学，31（6）：1185-1194.

［55］王金南，万军，张惠远，2006. 关于我国生态补偿机制与政策的几点认识［J］. 环境保护，（19）：24-28.

［56］王佳丽，黄贤金，陆汝成，等. 2010. 区域生态系统服务对土地利用变化的脆弱性评估：以江苏省环太湖地区碳储量为例［J］. 自然资源学报，25（4）：556-563.

［57］王玲，何青，2015. 基于能值理论的生态系统价值研究综述［J］. 生态经济，31（4）：133-137.

［58］王瑶，2008. 山东湿地生态系统生态功能评估及其生态补偿研究［D］. 山东大学.

［59］王昱，丁四保，王荣成，2010. 区域生态补偿的理论与实践需求

及其制度障碍［J］. 中国人口资源与环境，20（7）：74-80.

［60］魏同洋，2015. 生态系统服务价值评估技术比较研究［D］. 中国农业大学.

［61］夏宾，张彪，谢高地，2012. 北京建城区公园绿地的房产增值效应评估［J］. 资源科学，34（7）：1347-1353.

［62］谢高地，张钇锂，鲁春霞，2001. 中国自然草地生态系统服务价值［J］. 自然资源学报，16（1）：47-53.

［63］谢高地，鲁春霞，成升魁，2001. 全球生态系统服务价值评估研究进展［J］. 资源科学，23（6）：5-9.

［64］谢高地，肖玉，鲁春霞，2006. 生态系统服务研究：进展、局限和基本范式［J］. 植物生态学报，30（2）：191-199.

［65］谢高地，甄霖，鲁春霞，等. 2008. 一个基于专家知识的生态系统服务价值化方法［J］. 自然资源学报，（5）：911-919.

［66］许妍，高俊峰，黄佳聪，2010. 太湖湿地生态系统服务功能价值评估［J］. 长江流域资源与环境，19（6）：646-652.

［67］徐大伟，常亮，侯铁珊，等. 2012. 基于 WTP 和 WTA 的流域生态补偿标准测算：以辽河为例［J］. 资源科学，34（7）：1354-1361.

［68］杨莉菲，郝春旭，温亚利，等. 2010. 世界湿地生态效益补偿政策与模式［J］. 世界林业研究，23（3）：13-17.

［69］杨勤科，郭伟玲，张宏鸣，等. 2010. 基于 Dem 的流域坡度坡长因子计算方法研究初报［J］. 水土保持通报，30（2）：203-206.

［70］杨延昭，2012. 苏锡常地区地面沉降对京沪高速铁路的影响［D］. 西南交通大学.

［71］杨园园，戴尔阜，付华，2012. 基于 Invest 模型的生态系统服务功能价值评估研究框架［J］. 首都师范大学学报：自然科学版，3（3）：41-47.

［72］杨一鹏，曹广真，侯鹏，等. 2013. 城市湿地气候调节功能遥感监测评估［J］. 地理研究，32（1）：73-80.

［73］杨晓明，戴小杰，田思泉，2014. 中西太平洋鲣鱼围网渔业资源的热点分析和空间异质性［J］. 生态学报，34（13）：3771-3778.

［74］汤洁，黄璐思，王博，2015. 吉林省辽河流域生态系统服务价值对 LUCC 的响应分析［J］. 环境科学学报，35（8）：2633-2640.

［75］游彬，2008. 我国流域生态服务付费市场机制研究［D］. 北京林业大学.

［76］禹洋春，刁承泰，蔡朕，等. 2014. 基于聚类分析法的西南丘陵山区县域土地利用分区研究［J］. 中国农学通报，30（2）：227-232.

［77］昀文，2013. 湮灭的弥诺斯文明［J］. 海洋世界，（9）：50-51.

［78］赵同谦，欧阳志云，郑华，等. 2004. 中国森林生态系统服务功能及其价值评价［J］. 自然资源学报，19（4）：480-491.

［79］赵雪雁，徐中民，2009. 生态系统服务付费的研究框架与应用进展［J］. 中国人口资源与环境，19（4）：112-118.

［80］赵雪雁，李巍，王学良，2012. 生态补偿研究中的几个关键问题［J］. 中国人口资源与环境，22（2）：1-7.

［81］张旭辉，李典友，潘根兴，等. 2008. 中国湿地土壤碳库保护与气候变化问题［J］. 气候变化研究进展，（4）：202-208.

［82］张星梅，2004. 揭开楼兰城千年消失之迷［J］. 环境教育，（10）：50-53.

［83］张翼飞，2008. 城市内河生态系统服务的意愿价值评估：CVM有效性可靠性研究的视角［D］. 上海：复旦大学.

［84］张艳艳，2009. 试论太湖富营养化的发展、现状及治理［J］. 环境科学与管理，34（5）：126-129.

［85］张立，2008. 美国补偿湿地及湿地补偿银行的机制与现状［J］. 湿地科学与管理，4（4）：14-15.

［86］张焱秋，2011. 转移支付视角下的我国生态补偿研究［D］. 成都：西南财经大学.

［87］张志强，徐中民，程国栋，2001. 生态系统服务与自然资本价值评估［J］. 生态学报，21（11）：1918-1926.

［88］张志强，徐中民，程国栋，2003. 条件价值评估法的发展与应用［J］. 地球科学进展，18（3）：454-463.

［89］赵士洞，张永民，2004. 生态系统评估的概念、内涵及挑战：介绍《生态系统与人类福利：评估框架》［J］. 地球科学进展，19（4）：650-657.

［90］赵景柱，肖寒，吴刚，2004. 生态系统服务的物质量与价值量评价方法的比较分析［J］. 应用生态学报，11（2）：290-292.

[91] 赵哲远，马奇，华元春，等. 2009. 浙江省1996—2005年土地利用变化分析 [J]. 中国土地科学，23（11）：55-60.

[92] 赵云峰，2013. 跨区域流域生态补偿意愿及其支付行为研究：以辽河为例 [D]. 大连理工大学.

[93] 赵海兰，2015. 生态系统服务分类与价值评估研究进展 [J]. 生态经济，31（8）：27-33.

[94] 郑德凤，臧正，孙才志，2014. 改进的生态系统服务价值模型及其在生态经济评价中的应用 [J]. 资源科学，36（3）：584-593.

[95] 郑华，李屹峰，欧阳志云，2013. 生态系统服务功能管理研究进展 [J]. 生态学报，33（3）：702-710.

[96] 中国科学院可持续发展研究组，1999. 中国可持续发展战略报告 [M]. 北京：科学出版社.

[97] 中国生态补偿机制与政策研究课题组，2007. 中国生态补偿机制与政策研究 [M]. 北京：科学出版社.

[98] 周伏建，黄炎和，1995. 福建省土壤流失预防研究 [J]. 水土保持学报，(1)：25-30.

[99] 周晨，丁晓辉，李国平，等. 2015. 南水北调中线工程水源区生态补偿标准研究：以生态系统服务价值为视角 [J]. 资源科学，37（4）：792-804.

[100] 庄国泰，高鹏，王学军，1995. 中国生态环境补偿费的理论与实践 [J]. 中国环境科学，(6)：413-418.

[101] ACREMAN M C, HARDING R J, LLOYD C, et al. 2011. Trade-off in ecosystem services of the somerset levels and moors wetlands [J]. Hydrological sciences journal, 56 (8): 1543-1565.

[102] AI J Y, SUN X, FENG L, et al. 2015. Analyzing the spatial patterns and drivers of ecosystem services in rapidly urbanizing Taihu Lake basin of China [J]. Frontiers of earth science, 9 (3): 1-15.

[103] AMBASTHA K, HUSSAIN A S, BADOLA R, 2007. Social and economic considerations in conserving wetlands of indo-gangetic plains: a case study of Kabartal wetland, India [J]. Environmentalist, 27 (2): 261-273.

[104] ARETANO R, PETROSILLO I, ZACCARELLI N, et al. 2013. People perception of landscape change effects on ecosystem services in small mediter-

ranean islands: a combination of subjective and objective assessments [J]. Landscape & urban planning, 112 (4), 63-73.

[105] ARROM K J, SOLOW R, PORTNEY P B L, et al. 1993. Report of the national oceanic and atmospherie administration (NOAA) panel on contingent valuation [J]. Federal ReArcgister, (58): 4016-4614.

[106] ASQUITH N M, VARGAS M T, WUNDER S, 2008. Selling two environmental services: in-kind payments for bird habitat and watershed protection in Los Negros, Bolivia [J]. Ecological economics, 65 (4): 675-684.

[107] AYTURSUN X, JIN X, WANG Q, et al. 2011. Land use change and its ecosystem service value in the ecological vulnerability area of western part of China [J]. Geoinformatics, international conference on pp: 1-4.

[108] BARBIER E B, 2007. Valuing ecosystem services as productive inputs [J]. Economic policy, 22: 177-229.

[109] BATEMAN I J, DAY B H, GEORGIOU S, et al. 2006. The aggregation of environmental benefit values: welfare measures, distance decay and total WTP [J]. Ecological economics, 60 (2): 450-460.

[110] BAYLIS K, PEPLOW S, RAUSSER G, et al. 2008. Agri-environmental policies in the EU and United States: A comparison [J]. Ecological economics, 65 (4): 753-764.

[111] BUTLER J R A, WONG G Y, METCALFE D J, et al. 2013. An analysis of trade-offs between multiple ecosystem services and stakeholders linked to land use and water quality management in the Great Barrier Reef, Australia [J]. Agriculture ecosystems & environment, 180 (6): 176-191.

[112] CAIRNS J, 1997. Protecting the delivery of ecosystem services [J]. Ecosystem health, 3 (3): 185-194.

[113] CAMPAGNE C S, SALLES J M, BOISSERY P, et al. 2015. The seagrass Posidonia oceanica: ecosystem services identification and economic evaluation of goods and benefits [J]. Marine pollution bulletin, 97 (1/2): 391-400.

[114] CHANG I S, WU J, YANG Y X, et al. 2014. Ecological compensation for natural resource utilisation in China [J]. Journal of environmental planning and management, 57 (2): 273-296.

[115] CHEN X, LI B L, ALLEN M F, 2010. Characterizing urbanization, and agricultural and conservation land-use change in Riverside County, California, USA [J]. Annals of the New York academy of sciences, 1195: 164-176.

[116] CHOI A S, 2013. Nonmarket values of major resources in the Korean DMZ areas: a test of distance decay [J]. Ecological economics, 88: 97-107.

[117] CLARKE C, ROSADO S, ROSENTHAL A, et al. 2015. Coastal zone planning for Belize [J/OL]. http://ncp-dev.stanford.edu/~dataportal/WWF_CZMAI_NatCap_Belize%20case%20study.pdf.

[118] COOTER E J, REA A, BRUINS R, et al. 2013. The role of the atmosphere in the provision of ecosystem services [J]. Science of the total environment, 448: 197-208.

[119] COSTANZA R, D'ARGE R, DE GROOT R, et al. 1997. The value of the world's ecosystem services and natural capital [J]. Nature, 387 (6630): 253-260.

[120] CREATIVE RESEARCH SYSTEMS, 2010. Sample size formulas for our sample size calculator [J/OL]. http://www.surveysystem.com/sample-size-formula.

[121] CROSSMAN N D, BURKHARD B, NEDKOV S, et al. 2013. A blueprint for mapping and modelling ecosystem services [J]. Ecosystem services, 4: 4-14.

[122] CUPERUS R, CANTERS K J, PIEPERS A A G, 1996. Ecological compensation of the impacts of a road. Preliminary method for the A50 road link (Eindhoven-Oss, The Netherlands) [J]. Ecological engineering, 7 (96): 327-349.

[123] CUPERUS R, BAKERMANS M M, DE HAES H A, et al. 2001. Ecological compensation in Dutch highway planning [J]. Environmental management, 27 (1): 75-89.

[124] DAILY G C, 1997. Nature's services: societal dependence on natural ecosystems [J]. Natures services societal dependence on natural ecosystems, 1: 220-221.

[125] DAILY G C, POLASKY S, GOLDSTEIN J, et al. 2009. Ecosystem

services indecision making: time to deliver [J]. Frontiers in ecology and the environment, 7 (1): 21-28.

[126] DAVIS R K, 1963. Recreation planning as an economic problem [J]. Natural resources journal, 3 (2): 239-249.

[127] DE GROOT R S, WILSON M A, BOUMANS R M J, 2002. A typology for the classification, description and valuation of ecosystem functions, goods and services [J]. Ecological economics, 41 (3): 393-408.

[128] DUNSE N A, WHITE M, DEHRING C, 2007. Urban parks, open space and residential property values [M]. RICS, London, United Kingdom.

[129] EHRLICH P R, EHRLICH A H, HOLDREN J P, 1977. Ecoscience: population resources environment [M]. Freeman and Co. San Francisco.

[130] EHRLICH P R, EHRLICH A H, 1981. Extinction [M]. New York: Ballantine.

[131] ENGEL S, 2008. Designing payments for environmental services in theory and practice: an overview of the issues [J]. Ecological economics, 65 (4): 663-674.

[132] FARLEY J, 2010. Payments for ecosystem services: from local to global [J]. Ecological economics, 69 (11): 2060-2068.

[133] FERRARO P J, HANAUER M M, MITEVA D A, et al. 2015. Estimating the impacts of conservation on ecosystem services and poverty by integrating modeling and evaluation [J]. Proceedings of the national academy of sciences, 112 (24): 7420-7425.

[134] GARDNER R C, ZEDLER J, REDMOND A, et al. 2008. Compensating for wetland losses under the Clean Water Act (redux): Evaluating the federal compensatory mitigation regulation [J]. Social science electronic publishing, 38: 213.

[135] GENELETTI D, 2013. Assessing the impact of alternative land-use zoning policies on future ecosystem services [J]. Environmental impact assessment review, 40 (2): 25-35.

[136] GUO L, 2007. Doing battle with the green monster of Taihu Lake [J]. Science, 317: 1166.

[137] HAMMACK J, BROWN G M, 1974. Waterfowl and wetlands: towards bioeconomic analysis [M]. Baltimore: Resources for the Futuer, John Hopkins University Press.

[138] HAINES-YOUNG R, POTSCHIN M, 2011. Common international classification of ecosystem services (CICES): 2011 Update [J]. Nottingham: report to the European environmental agency.

[139] HAN F, YANG Z P, WANG H, et al. 2011. Estimating willingness to pay for environment conservation: a contingent valuation study of Kanas Nature Reserve, Xinjiang, China [J]. Environmental monitoring and assessment, 180: 451-459.

[140] HOLDREN J P, EHRLICH P R, 1974. Human population and the global environment [J]. American scientist, 62 (3): 282-292.

[141] HOYER R, CHANG H, 2014. Assessment of freshwater ecosystem services in the tualatin and yamhill basins under climate change and urbanization [J]. Applied geography, 53: 402-416.

[142] HUANG L, HAN Y, ZHOU Y, et al. 2013. How do the Chinese perceive ecological risk in freshwater lakes? [J] Plos one, 8 (5): e62486.

[143] IPCC, 2007. Climate change 2007: impacts, adaptation and vulnerability: working group Ⅱ contribution to the fourth assessment report of the IPCC Intergovernmental Panel on Climate Change [M]. Cambridge: Cambridge University Press.

[144] JENKINS W A, MURRAY B C, KRAMER R A, et al. 2010. Valuing ecosystem services from wetlands restoration in the Mississippi Alluvial Valley [J]. Ecological economics, 69 (5): 1051-1061.

[145] JO Y, 2001. Does college education nourish egoism? [J] Environmental economics & policy studies, 4 (2): 115-128.

[146] JOO R J, 2011. Public willingness to pay for ecosystem services: water quality in the Triangle region, North Carolina [D]. Duham: Duke University Masters.

[147] KANAYO O, EZEBUILO U, MAURICE O, 2013. Estimating the willingness to pay for water services in Nsukka area of South-Eastern Nigeria using contingent valuation method (CVM): implications for sustainable develop-

ment [J]. Journal of human ecology, 41 (2): 93-106.

[148] KING R T, 1966. Wildlife and man [J]. Ny conservationist, 20 (6): 8-11.

[149] KOSOY N, MARTINEZ-TUNA M, MYRADIAN R, et al. 2007. Payments for environmental services in watersheds: insights from a comparative study of three cases in Central America [J]. Ecological economics, 61 (s2/3): 446-455.

[150] LANTZ V, BOXALL P C, KENNEDY M, et al. 2013. The valuation of wetland conservation in an urban/periurban watershed [J]. Regional environmental change, 13 (5): 939-953.

[151] LI Y F, SHI Y Q, QURESHI S, et al. 2014. Applying the concept of spatial resilience to socio-ecological systems in the urban wetland interface [J]. Ecological indicators, 42 (7): 135-146.

[152] LIU M C, XIONG Y, YUAN Z, et al. 2014. Standards of ecological compensation for traditional eco-agriculture: taking rice-fish system in Hani terrace as an example [J]. Journal of mountain science, 11 (4): 1049-1059.

[153] LOOMIS J B, WALSH R G, 1997. Recreation economic decisions, comparing benefits and costs [J]. Second edition Stale College Pennevlvania-Ventlure Publishing Inc.

[154] LU N, FU B, JIN T, et al. 2014. Trade-off analyses of multiple ecosystem services by plantations along a precipitation gradient across loess plateau landscapes [J]. Landscape ecology, 29 (10): 1697-1708.

[155] MARTINEZ-HARMS M J, BALVANERA P, 2012. Methods for mapping ecosystem service supply: a review [J]. International journal of biodiversity science, ecosystem services & management, 8: 17-25.

[156] MILLENNIUM ECOSYSTEM ASSESSMENT, 2005. Ecosystems and human wellbeing: Wetlands and water synthesis [M]. World Resources Institute, Washing DC: Island Press.

[157] MILON J W, SCROGIN D, 2006. Latent preferences and valuation of wetland ecosystem restoration [J]. Ecological economics, 56: 162-175.

[158] MMOPELWA G, KGATHI D L, MOLEFHE L, 2007. Tourists' perceptions and their willingness to pay for park fees: A case study of self-drive

tourists and clients for mobile tour operators in Moremi Game Reserve, Botswana [J]. Tourism management, 28: 1044-1056.

[159] NEWTON A C, HODDER K, CANTARELLO E, et al. 2012. Cost-benefit analysis of ecological networks assessed through spatial analysis of ecosystem services [J]. Journal of applied ecology, 49 (3): 571-580.

[160] ODUM H T, 1996. Environment accounting: emergy and environmental decision making [J]. New York: John Wiley & Sons.

[161] ONAINDIA M, MANUEL B F D, MADARIAGA I, et al. 2013. Co-benefits and trade-offs between biodiversity, carbon storage and water flow regulation [J]. Forest ecology & management, 289 (2): 1-9.

[162] OUDENHOVEN A P E V, PETZ K, ALKEMADE R, et al. 2013. Framework for systematic indicator selection to assess effects of land management on ecosystem services [J]. Ecological indicators, 21 (3): 110-122.

[163] PATE J, LOOMIS J B, 1997. The effect of distance on willingness to pay values: a case study of wetlands and salmon in California [J]. Ecological economics, 20: 199-207.

[164] PETERSON G D, BEARD T D, BEISNER B E, et al. 2003. Assessing future ecosystem services: a case study of the northern highlands lake district, Wisconsin [J]. Ecology & society, 7 (3): 1850-1851.

[165] PENG W F, ZHOU J M, FAN S Y, et al. 2015. Effects of the land use change on ecosystem service value in Chengdu, western China from 1978 to 2010 [J]. Journal of the Indian society of remote sensing, 4: 4-14.

[166] PIGOU A C, 1932. The effect of reparations on the ratio of international interchange [J]. Economic journal, 42 (168): 532-543.

[167] QIN B Q, ZHU G W, GAO G, et al. 2010. A drinking water crisis in Lake Taihu, China: linkage to climatic variability and lake management [J]. Environmental management, 45: 105-112.

[168] QIU J X, TURNER M G, 2013. Spatial interactions among ecosystem services in an urbanizing agricultural watershed [J]. Proceedings of the national academy of sciences of the United States of America, 110 (29): 12149-12154.

[169] RAUDSEPP-HEARNE C, PETERSON G D, BENNETT E M,

2010. Ecosystem service bundles for analyzing tradeoffs in diverse landscapes [J]. Pnas, 107: 5242-5247.

[170] RAO H, LIN C, KONG H, et al. 2014. Ecological damage compensation for coastal sea area uses [J]. Ecological indicators, 38: 149-158.

[171] REISS K C, HERNANDEZ E, BROWN M T, 2014. Application of the landscape development intensity (LDI) index in wetland mitigation banking [J]. Ecological modelling, 271: 83-89.

[172] REYERS B, BIGGS R, CUMMING G S, et al. 2013. Getting the measure of ecosystem services: a social-ecological approach [J]. Frontiers in ecology & the environment, 11: 268-273.

[173] RICKETTS T H, DAILY G C, EHRLICH P R, et al. 2004. Economic value of tropical forest to coffee production [J]. Proceedings of the national academy of sciences, 101: 12579-12582.

[174] RUIJS A, WOSSINK A, KORTELAINEN M, et al. 2013. Trade-off analysis of ecosystem services in eastern Europe [J]. Ecosystem services, 4: 82-94.

[175] RUIJS A, KORTELLAINEN M, WOSSINK A, et al. 2015. Opportunity cost estimation of ecosystem services [J]. Environmental & resource economics, 1-31.

[176] SANON S, HEIN T, DOUVEN W, et al. 2012. Quantifying ecosystem service trade-offs: the case of an urban floodplain in Vienna, Austria [J]. Journal of environmental management, 111 (6): 159-172.

[177] SIMPSON R D, FERRARO P, 2000. The cost-effectiveness of conservation payments [J]. Discussion papers, 78 (3): 339-353.

[178] STONE K, BHAT M, BHATTA R, et al. 2008. Factors influencing community participation in mangroves restoration: a contingent valuation analysis [J]. Ocean and coastal management, 51: 476-484.

[179] STUDY OF CRITICAL ENVIRONMENTAL PROBLEMS (SCEP), 1970. Man's impact on the global environment [M]. Massachusetts: MIT Press.

[180] TALLIS H, POLASKY S, 2009. Mapping and valuing ecosystem services as an approach for conservation and natural-resource management [J]. Annals of the New York academy of sciences, 1162 (1): 265-283.

[181] TALLIS H, POLASKY S, 2011. Assessing multiple ecosystem services: an integrated tool for the real world [M]. In: Natural Capital: Theory and Practice of Mapping Ecosystem Services.

[182] TAKATSUKA Y, CULLEN R, WILSON M, et al. 2009. Using stated preference techniques to value four key ecosystem services on New Zealand arable land [J]. International journal of agricultural sustainability, 7 (4): 279-291.

[183] TURNER R K, MORSE-JONES S, FISHER B, 2010. Ecosystem valuation [J]. Annals of the New York academy of sciences, 1185 (1185): 79-101.

[184] VASSALLO P, PAOLI C, ROVERE A, et al. 2013. The value of the seagrass posidonia oceanica: a natural capital assessment [J]. Marine pollution bulletin, 75 (1/2): 157-167.

[185] VILLARROYA A, PUIG J, 2010. Ecological compensation and environmental impact assessment in Spain [J]. Environmental impact assessment review, 30 (6): 357-362.

[186] WATTAGE P, MARDLE S, 2008. Total economic value of wetland conservation in Sri Lanka: identifying use and non-use values [J]. Wetlands ecology and management, 16: 359-369.

[187] WESTMAN W E, 1977. How much are nature's services worth? [J] Science, 197 (4307): 960-964.

[188] WONG C P, BO J, KINZIG A P, et al. 2014. Linking ecosystem characteristics to final ecosystem services for public policy [J]. Ecology letters, 18 (1): 108-118.

[189] WUNDER S, 2005. Payments for environmental services: some nuts and bolts [J]. Indonesia: center for intemational forestry research, 3-8.

[190] Xie R R, Pang Y, 2013. Quantitative eco-compensation criterion in Taihu Lake area of Jiangsu Province, China [J]. Advanced materials research, 726-731: 4095-4100.

[191] XIONG Y, WANG K L, 2010. Eco-compensation effects of the wetland recovery in Dongting Lake area [J]. Journal of geographical sciences, 20 (3): 389-405.

[192] YANG M, YU J W, LI Z L, et al. 2008. Taihu Lake not to blame for Wuxi's woes [J]. Science, 319: 158.

[193] ZHANG L, WU B, YIN K, et al. 2015. Impacts of human activities on the evolution of estuarine wetland in the Yangtze delta from 2000 to 2010 [J]. Environmental earth sciences, 73 (7): 3961.

[194] ZHENG H, ROBINSON B E, LIANG Y C, et al. 2013. Benefits, costs, and livelihood implications of a regional payment for ecosystem service program [J]. Proceedings of the national academy of sciences of the United States of America, 110 (41): 16681-16686.

[195] ZHU B, LI Z, LI P, et al. 2010. Soil erodibility, microbial biomass, and physical-chemical property changes during long-term natural vegetation restoration: a case study in the loess plateau, China [J]. Ecological research, 25 (3): 531-541.

附录　苏锡常地区生态保护公众支付意愿调查表

调查地点：__________　　调查者：__________　　问卷编号：__________

政府高度重视太湖生态修复，开展了大量生态修复治理工程，包括控制污染源、底泥疏浚、建立环湖湿地保护带等。其中，湿地修复工程是源头治理太湖污染的一项重要措施，目前已在太湖主要入湖河口、湖湾、水源保护区和沿湖湖荡地区全面开展湿地恢复重建工作。长广溪湿地公园、苏州太湖国家湿地公园、常熟市尚湖湿地公园等都成功申报为国家湿地公园试点单位。

1. 您对这些生态保护工程了解吗？

□非常了解

□比较了解

□一般了解

□比较不了解

□完全不了解

2. 您认为生态保护工程的实施对太湖水质的改善重要吗？

□非常重要

□比较重要

□一般重要

□比较不重要

□完全不重要

3. 您相信政府有能力治理好太湖吗？

□非常信任

□比较信任

□模棱两可

□比较不信任

□完全不信任

4. 由于近年来太湖地区生态退化严重，政府已经实施了很多项目来改善太湖的生态环境，如湿地修复工程等。作为生态改善的直接受益者，您是否愿意在未来五年每年为太湖生态保护工程支付一定的费用？

□愿意（跳至5题）

□不愿意（跳至7题）

5. 您更倾向于选择哪种支付方式？

□愿意包含在湿地公园门票中支付

□以增加水价的形式支付

□捐款给专门的生态保护基金

□其他

6. 如果愿意支付，您的家庭在未来五年每年最多愿意支付多少元？

7. 您拒绝为太湖生态保护工程支付费用的主要原因是什么？

□收入低，家庭负担重，没能力支付

□生态环境改善是政府的责任，应由政府出钱

□去太湖的次数不多，很少享用到太湖资源

□不相信专款专用，担心所出资的钱被挪用

□其他（请具体说明）

基本情况调查

1. 性别：□男性　□女性

2. 年龄：□18~30岁　□31~50岁　□51~60岁　□60岁以上

3. 文化程度：□小学　□中学　□中专　□高中　□大专　□大学　□研究生

4. 家庭年收入：□1万元以下　□1万~1.5万元　□1.5万~2.5万元　□2.5万~6.0万元　□6.0万~24.0万元　□24.0万元以上

问卷结束，非常感谢您的配合！